纺织服装高等教育"十二五"部委级规划教材

徐蓉蓉　编著
吴湘济

服装色彩设计
FASHION COLOR DESIGN

东华大学出版社·上海

前　言

　　世界因为色彩的点缀而显得生机勃勃、协调和谐。世间万物因为自身独特的颜色而显出个性的魅力。

　　服装色彩是服装设计三要素"款式、面料、色彩"的重要组成部分之一。当人们从远到近观察服装时，总是先看到服装色彩，然后是服装造型，最后是服装材质和工艺。因此，在服装设计中服装色彩设计具有重要的意义。

　　服装色彩设计和其他的设计形式一样，是一项融美学与科学技术为一体的创造活动。对服装色彩的研究已逐渐形成了一门新的学科——服装色彩学。在服装设计中，色彩的形式美表现有哪些，如何进行服装色彩搭配，何为流行色，如何运用流行色等问题都是服装色彩设计所需要研究的主要内容。

　　目前不少的服装色彩书籍，多是色彩理论的阐述，真正让读者感到一看就明的操作应用型书籍较为少见。基于此，本书力求把服装色彩放在21世纪现代设计理念、鲜明时代特征的背景之下，针对不同消费群体，尽力满足读者的实践需求，以"突出重点、浓缩原理、学以致用"为编写指南，通过深入浅出、图文并茂的形式体现出来，尤其重点强调色彩设计方法与实际搭配应用的有机结合。

　　由于编者水平学识有限，书中难免存在不足之处，望读者批评指正。

作　者

目 录

第一章　服装色彩基础

一、色彩的形成

色彩出现在我们生活中，是如此自然而又美妙的事。然而，何谓色彩？大部分的人较少去探究。下面在欣赏体验色彩的表现之余，我们将对色彩的成因作一些深入探讨。

当观察到色彩之时，是否同时也能感受到光线的存在？答案是肯定的。色彩和光是一体的，可以说"光即是色"。色彩所展示给我们的无穷魅力在很大程度上来自光作出的贡献。生活中大家都有这样的体验：夕阳西下时，在阳光照射下万物呈现出夺目绚丽的色彩，充满迷人的魅力；但当黑夜降临、灯火俱灭之时，这一切都会黯然失色。只有当灯光再现或黎明来到时，才能使世界重现色彩。这一现象使我们知道了一个很重要的事实：色彩的形成与光有着不可分割的联系。所以说无光即无色，无光即没有人对色彩的视觉感受。

真正揭开光色之谜的是英国科学家牛顿。1666年，牛顿通过三棱镜的折射，将日光分解而得到红、橙、黄、绿、蓝、靛、紫七色的光谱，同时，七色光束通过三棱镜还能还原成白光。这为我们展示了光与色的科学世界。

在开始了解色彩时，让我们先看看平常所感受的日光是如何组成的。光是一种电磁波，人类肉眼能见到的是在电磁光谱的中段，仅占很窄的范围。日光通过三棱镜后产生不同的光束，波长在380nm~780nm之间：紫色光波长在380nm~450nm之间，蓝色光波长在450nm~480nm之间，绿色光波长在480nm~550nm之间，黄色光波长在550nm~600nm之间，橙色光波长在600nm~640nm之间，红色光波长在640nm~780nm之间。当它们组合在一起时便形成像彩虹一样的千万种不同色彩。因此波长在380nm~780nm之间的电磁波为可见波长，波长长于780nm的电磁波称为红外线，波长短于380nm的电磁波称为紫外线。

人们能够感觉到物体的色彩，是经历了光→物体→眼睛的过程。色彩是由光线刺激视网膜所产生的视觉现象，没有光线就没有色彩。光的物理性质取决于振幅与波长两个因素：振幅为光的量度，振幅的大小决定明暗；波长的长短则影响色相，波长长时会偏向红色，短时则偏向蓝色。

二、色彩的属性

在千变万化的色彩中，色彩可分为两大类，即有彩色（图1-1）与无彩色（图1-2）。

我们看见的色彩如红、橙、黄、绿、青、蓝、紫等颜色，不论它们是鲜明、清纯或者灰暗，皆可称为有彩色。除了有彩色外，我们也会看见白色、黑色和由白色与黑色调合形成的各种深浅不同的灰色，这些被称为无彩色。无彩色按照一定的变化规律，可以排成一个系列，由白色渐变到浅灰、中灰、深灰到黑色，色度学上称此为黑白系列。黑白系列中由白到黑的变化，可以用一条垂直轴表示，一端为白、一端为黑，中间有各种过渡的灰色。纯白是理想的完全反射光的物体的颜色，纯黑是理想的完全吸收光的物体的颜色。可是在现实生活中并不存在纯白与纯黑的物体，颜料中采用的锌白和铅白只能接近纯白，煤黑只能接近纯黑。

色彩的基本属性一般是对有彩色而言的。有彩色系的颜色具有三种基本属性：色相、纯度和明度。无彩色系的颜色只有一种基本性质即明度，它们不具备色相和纯度的性质，也就是说它们的色相与纯度在理论上都等于零。

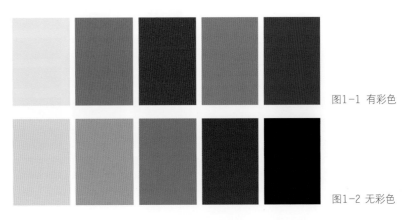

图1-1　有彩色

图1-2　无彩色

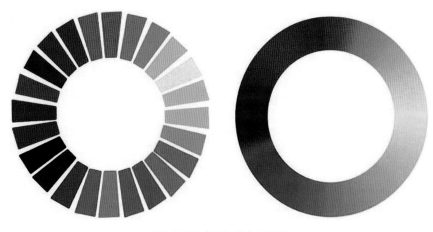

图1-3 24色相环和渐变色相环

1. 色相

色相是指色彩的相貌，是区别不同色彩的名称。从光学角度看，色相差别是由光波波长不同产生的。红色拥有所有色彩中最长的波长，而蓝紫色拥有所有色彩中最短的波长。

大自然中色相的种类非常齐全，用植物的名称来命名的颜色有桃红、玫瑰红、枣红、橘红、柠檬黄、杏黄、姜黄、米黄、草绿、苹果绿、橄榄绿、竹叶青、茶色、棕色、咖啡色、亚麻色、豆沙色、丁香色、紫罗兰色等。用动物的名称来命名的颜色有鹅黄、象牙黄、蟹黄、孔雀蓝、驼色、鸡血红等。用自然景色名称来命名的颜色海蓝、湖蓝、月牙白、雪白、土黄、土红等。用金属、矿物质的名称来命名的颜色有朱砂红、铁锈红、琥珀色、金色、古铜色、翡翠绿、宝石蓝、银色、金色、白玉色、碳黑等。

这些色彩从光学物理上来讲，是由摄入人眼的光线的光谱成分决定的。对于单色光来说，色相的面貌完全取决于该光线的波长；对于混色光来说，这取决于各种波长光线的相对量。若把光谱上的色相带连接成环状，则称之为色相环（图1-3）。

2. 纯度

色彩的纯度是指色彩的纯净程度，它表示颜色中所含有色成分的比例（图1-4）。含有色彩成分的比例愈大，则色彩的纯度愈高，含有色成分的比例愈小，则色彩的纯度也愈低。可见光谱的各种单色光是最纯的颜色，为极限纯度。当一种颜色掺入黑、白或其他彩色时，纯度就产生变化。当掺入的色达到很大的比例时，在眼睛看来，原来的颜色将失去本来的光彩，而变成掺和的颜色了。当然这并不等于说在这种被掺入的颜色已经不存在原来的色素，而是由于大量的掺入其他色彩而使得原来的色素被同化，人的眼睛已经无法感觉出来了。

有色物体色彩程度与物体的表面结构有关。如果物体表面粗糙，其漫反射作用将使色彩的程度降低；如果物体表面光滑，那么，全反射作用将使色彩比较鲜艳，如玻璃器皿、瓷器等等，在服装面料中则表现为缎纹面料色彩比较鲜艳。

3. 明度

明度是指色彩的明亮程度。各种有色物体由于它们的反射光量的区别而产生颜色的明暗强弱。色彩的明度有两种情况：一是同一色相不同明度。如同一颜色在强光照射下显得明亮，弱光照射下显得较灰暗模糊；同一颜色加黑或加白掺和以后也能产生各种不同的明暗层次。二是各种颜色的不同明度（图1-5）。每一种纯色都有与其相应的明度。黄色明度最高，蓝紫色明度最低，红、绿色为中间明度。色彩的明度变化往往会影响到纯度，如红色加入黑色以后明度降低了，同时纯度也降低了；如果红色加白则明度提高了，纯度却降低了。

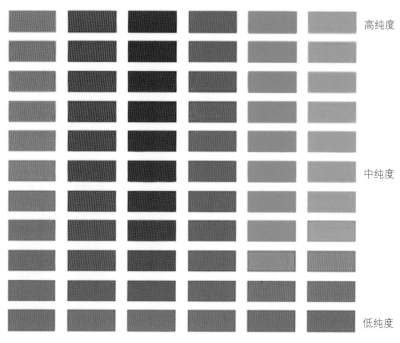

高纯度

中纯度

低纯度

图1-4 不同色彩的纯度变化

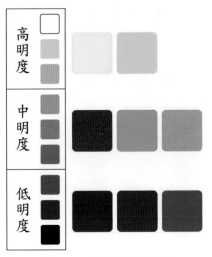

图1-5 不同色彩的不同明度

三、原色与色彩混合

1. 三原色理论

所谓原色（primitive color），是指未经混合的色彩，又称为"第一次色"。所谓三原色，就是指这三种色的任意一色都不能由另外两种原色混合产生，而其它色可以由这三个颜色按照一定的比例配合出来，色彩学上称这三个独立的色为三原色。

牛顿用三棱镜将白光分解得到红、橙、黄、绿、青、蓝、紫七种色光，这七种色彩混合在一起又形成了白光。因此，他认定这七种色光为原色。其后，物理学家大为·布鲁斯特（David Brewster）进一步发现原色只有红、黄、蓝三色，其它颜色都可以由这三种原色混合而得出。他的理论得到法国燃料学家西菲尔（Chevereul）的燃料混合实验的支持。但是在1802年，生物学家汤姆斯·扬根据人眼的视觉生理特征又提出新的三原色理论，认为三原色应该是红、绿、青。他的这个理论也得到物理学家麦克思维尔（Maxwell）的实验支持。从此以后人们才意识到色光和颜料的原色及其混合规律是有区别的。国际照明委员会将色彩标准化，正式认定红（orange red）、

绿（green）、青（violet blue）三种色彩，称为色光三原色。色光三原色任意混合，可以产生各种色光，每次增加其光度都会增加，若三种色光等量相加，则会产生近于白色的色光。红（magenta red）、黄（hanza yellow）、蓝（cyanine blue）三种色彩，称为色料的三原色。色料的三原色任意混合，可以产生各种不同的色彩，若三种色料等量混合，则产生近于灰黑的浊色。

2. 混色理论

1）加法混合

两种或者两种以上的色光混合在一起，称为加法混合，即色光的混合。加法混合后，色光的明度会提高，混合色的光亮度等于相混各色光亮度的总和，全色光混合最后可趋于白光，故称为加法混合。从加法混色图（图1-6）中得知：

红光＋绿光＝黄光

红光＋蓝光＝品红光

蓝光＋绿光＝青光

红光＋绿光＋蓝光＝白光

加法混合产生色光变化

图1-6 加法混色图

的基本规律符合格拉斯曼（H Grassmann）定律，内容是：人的视觉只能分辨颜色的三种变化，即色相、明度、纯度。在由两种成分组成的混合色中，如果一个成分连续变化，混合色的外貌也连续变化。由这个定律又推导出两个定

律：一个是补色定律，即每一种颜色都有一种相应的外貌，如果某种色彩与其补色以适当的比例混合，便产生近似于比重较大颜色的低纯度色才。其二是中间色定律，即任何两个非补色相混合，便会产生中间色，其色相决定于两个颜色的相对数量，其纯度决定两色在色相顺序上的远近。

2）减法混合

有色物体（包含颜料）所以能够让我们看出它的色彩，是因为物体对光谱中色光有选择吸收和反射的作用。所谓的"吸收"也可以认为是"减去"的意思。服装印染的燃料、绘画的颜料、印刷的油墨色的混合以及透明色的重叠都属于减色混合。当两种以上的色料相混或者重叠时，白光就会减去各种色料的吸收光，其剩余部分的反射色光混合结果就是色料混合或重叠所产生的色彩。黄色之所以看起来是黄色，是因为它吸收蓝光，反射黄光的结果；蓝色之所以看起来是蓝色，是因为它吸收红光反射蓝光的缘故。如把黄与蓝两种颜料混合，实际上是它们同时吸收红光和蓝光，余下只有绿光能反射，因此会呈现出绿色。

对于颜料或染料而言，原色即品红、黄、蓝三色，若其中两色混合，产生了橙、绿、紫，这三色则称为"第二次色"，也称为"间色"（secondary color）（图

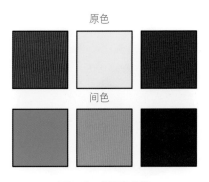

图1-7 原色和间色

1-7）。若再将第二次色的橙、绿、紫，使其两色相混合，则产生"第三次色"，又称"复色"。通常使用色彩时并非只靠三原色的混合，几乎都是使用直接制成的第二次色或第三次色较多，其主要原因是，色彩经过多次的混合，会导致纯度降低。减色法和加色法混合，从光的吸收和反射来看，其规律是一致的，两者之间并不矛盾，仅仅是混合的方式不同而产生的不同的视觉效果。减色法混色有两种情况：一种是透明色的重叠，如水彩颜色、印染的燃料、印刷的油墨色块重叠的部分都属于此种；一种是颜料、燃料、涂料等色料的调和。

减色法混色的原理只是为颜色的混合提供了一个规律，在实际应用中，仅用三原色去调配一切色彩其实还是很难办到的。主要原因是目前生产原料三原色品红、黄、蓝的纯度有时很低，饱和度低的色彩，混色的范围就会相对的缩小。

从减色法混色图1-8可得知：

品红＋黄＝橙

蓝＋黄＝绿

蓝＋红＝紫

品红＋蓝＋黄＝黑

减色法混合的变化规律是：色相环上两个相邻之色相混，得出两个色的中间色；非相邻的两个色相混合，仍得出两个色的中间色，明度为两色的中间明度，但间隔的

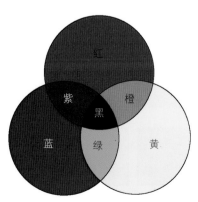

图1-8　减法混色图

Moschino Cheap & Chic

| CNCS® 018 50 27 | CNCS® 056 70 17 | CNCS® 008 25 17 | CNCS® 016 55 12 | CNCS® 040 80 02 | CNCS® 032 75 17 |

图1-9　织品中出现的色彩混合现象

空间混合练习
作者:刘伟

图1-10 空间混合

距离越远，混出色的明度就会越低；互为补色的两个色混合会得到黑浊色；在色相环上，凡间隔距离较近的两色相混，得出的第三色纯度较高；凡间隔距离较远的两色相混合，得出的第三个色纯度逐步降低，当间隔的距离是180°时，两色为补色关系，混合色的理论纯度是0。由此可见，当我们调色时，欲调出较为鲜艳的颜色，就应该选择邻近或者类似色相混合，特别应

该避免补色的掺入。如果想调出一个绿颜色，应该选择湖蓝和黄色混合，应该避免掺入有橙味的黄色和带紫味的蓝色。

3）空间混合

关于色彩的混合，还有一种现象是：有些布料与织品，近看纵线与横线的色彩不同，但在较远处观察却难以分辨，而且显现出另一种色彩（图1-9），这种在视网膜上的混色现象称为"空间混合"（图

1–10）。

空间混合是各种色光同时刺激人眼或快速先后刺激人眼，从而产生投射光在视网膜上的混合。空间混合实质上是加色法混合，但区别的是加色法混合是不同光在刺激眼睛前的混合，它具有客观性，而空间混合是不同色光在视觉过程中的混合，有一定的主观性。空间混合有两种方式：

一种是时间混合。将两种或两种以上的颜色涂在圆盘上，经快速旋转，不同的颜色快速而连续地刺激入眼，就会出现在视网膜上的混色效果。Maxwell最早用这种仪器做过颜色混合实验，故又称其为麦克斯韦混色器（图1-11）。色轮包括一个变速马达，它的转速由一个可变电阻控制，速度约在每分钟300～5000转之间。马达的中心轴装着一个画有360°的圆盘，旋动螺帽可将由两个不同颜色（如红色和黄色）的圆盘互相交叉构成的色盘夹紧在它的上面。色盘上两种颜色所占的比例，可按圆盘上的刻度来调节。混色时调节可变电阻的旋钮，当色盘受到白光照射时，观察者网膜上的某一点，在一瞬间接受红色部分的光刺激，紧接着又接受黄色部分的光刺激。由于刺激消失

图1-12 修拉的点彩法绘画作品——《大碗岛的星期日》

后，视觉后像仍会持续一短暂的时间，当色轮旋转达到一定速度时红光和黄光刺激的视觉效应便混合起来。例如，色盘上的红色部分小而黄色部分大时，混合结果是偏黄的橙色；色盘上的红色和浅绿色大致相等时，混合结果是白色或灰色。

第二种是区域混合。与圆盘混合的方法不同，它是将各种颜色分别"切割"成小面积，然后将它们并置，当退到一定距离看这些并置的小色块时，就会发现色彩的混合效果。因为这种混合必须借助一定空间距离才会有新的感觉，

故称"空间混合"。这种方法可以在色彩印刷的网点并置上找到明显例证。新印象派（如修拉、西涅克等人)创造的"点彩画法"（图1-12），即利用色彩的空间混合原理而获得一种新的视觉效果。如果颜色的面积越小，不同颜色穿插关系越紧密，混合效果越显得柔和。用这种方法获得的新色相，显得丰富、多彩，且有一种跃动感。

空间混合和加色混合的原理是一致的，但是颜料毕竟不是发光体，其纯度和明度都比较低。因此，颜色空间混合的明度和纯度都不可能达到色光的加色混合效果。如色光加色混合时混合色的明度是混合的色光明度之和，比混合色的任何一色都明亮，而颜色旋转混合或并列混合时，其明度只能达到被混合色的平均明度。

空间混合的变化规律是：（1）凡互为补色的色彩按照一定比例空间混合，可以得到无彩色系的灰或者有彩色系的含灰色。(2)凡是互为非补色关系的色彩空间混合时，产生两色的中间色。(3)空间混合时产生的新色，其明度相当于所混合色的平均明度。(4)色彩并置产生空间

图1-11 麦克斯韦混色器

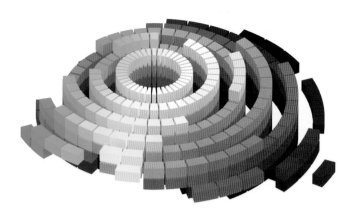

图1-13 色立体

图1-14 蒙赛尔色立体

混合是有条件的，首先混合之色应该是细点、细线，同时要求成密集状，点和线条越密集越细，混合的效果越明显；其次色彩并置产生空间混合和视觉距离有关系，必须在一定的视觉距离之外，才能产生混合，距离越远，产生的混合效果越好。

3. 补色理论

凡两种色光相加呈现白光，两种颜色相混呈现灰黑色，那么这种色光或颜色即互为补色。颜色的补色关系和色光是不同的。互为补色的色光是加色相混得白光，互为补色的颜料是减色相混得到灰黑色。互为补色的颜色在色相环上处于通过圆心的直径两端的位置上。

在混色实践中，运用补色原理，对提高和减弱色彩的鲜艳度具有非常重要的作用。

例如，现有普蓝、柠檬黄、中黄和湖蓝这四种颜色，怎么混合才能得到纯度较高的草绿色呢？

有经验的美术工作者会选择湖蓝和柠檬黄色，那么为什么中黄和普蓝混合不出草绿色呢？原因是普兰偏黑，而中黄具有红味，绿和红为补色关系，补色互相混合会得到灰黑色，所以普蓝和中黄色相混是得不到纯度较高的草绿色的。所以，在调配色彩时，如果要保持其原有的纯度，就必须避免调和带有补色关系的色彩。相反，如果为了适当减弱某一颜色的纯度，可以调入微量补色关系的色彩。一个很好的例子就是，白色的衬衫如果不白了，往往会发黄，如果在洗涤时加入微量的蓝紫色染料（因为蓝紫色和黄色接近补色关系），衬衫上的淡黄和淡蓝紫相混，自然消色变成浅灰，在视觉上就会显得白净了。

四、色彩的表述

为了更全面、更科学、更直观的表述色彩概念，需要把色彩三要素按照一定的次序和内在联系明确地排列到一个完整而严密的色彩表述体系之中，这种表述方法和形式我们称之为色彩的体系，该体系借助三维的空间架构来同时表述出色相、纯度和明度三者之间的变化关系，我们简称它为"色立体"（图1-13）。

不同色彩表述体系的色立体都有差别，但也有些共同点。如色立体的中心轴为无彩色的明度阶，水平轴为彩度阶，环绕中心轴的最外层为配置色相。此外，色立体中有许多如叶片状的面，称为色相面，是由明度与彩度的变化所构成。每一个色相色面最外围突出的部分为纯度最高的色彩，通常为12色相、20色相或24色相。由色相面的纯色往中心轴向上色彩的明度渐高，纯度渐低；由色相面的纯色往中心轴向下色彩的明度渐低，纯度也渐低。在色立体中，可以很清楚的看到色彩的明暗深浅变化，有助于理解色彩和认识色彩。

色彩在实用配色方面，目前广被使用的有日本P.C.C.S.（Pratical color coordinate system）色立体，美国的蒙赛尔（Munsell）色立体（图1-14）与德国的奥斯华尔德（Ostwald）色立体。

其中最具影响力的蒙赛尔色彩表述系统是由美国艺术家阿尔伯特·亨利·蒙赛尔（A.H.Munsell）创立的。当初蒙赛尔想创建一个"理性的方法来描述颜色"，他于1898年开始创建他的色彩体系，或者称为色彩"树"。在1905年，"颜色符号"被确立。他的成果被反复印刷，目前仍然作为测量色彩的标准。

蒙赛尔依据他的系统做了一个球体。赤道带是色相环（图1-15），球体的中轴线是灰色明度带，北极为白色和南极为黑色。延长轴的水平线的每个灰度值是一

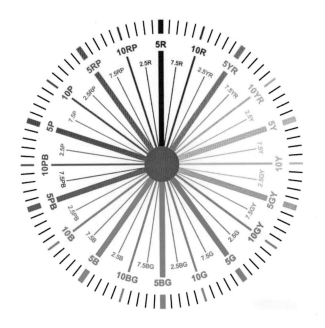

图1-15 蒙赛尔色相环

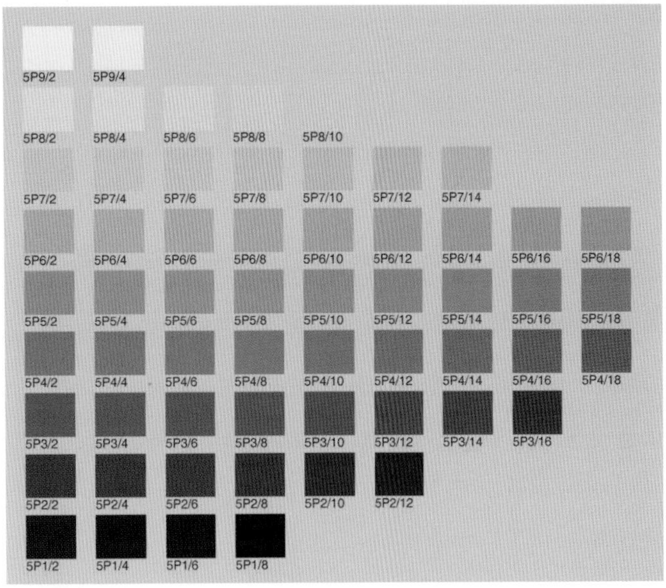

图1-17 蒙赛尔色彩表述（5号紫色）

个分级的颜色，从最初的中性灰色到地壳位置的完全饱和色。通过这三个定义，上万种的颜色可以被完全描述。

蒙赛尔色彩体系中的色相环有10个基本色相，以顺时针方向为序列排列组成，并分别用符号表示。红（R）、黄（Y）、绿（G）、蓝（B）、紫（P）五色为基础，加上它们的中间色黄红（YR）、黄绿（YG）、蓝绿（BG）、蓝紫（BP）、红紫（RP），每个色再细分为10个等级，便构成100个色的色相环。每个色分成10个等级

以后，如R分成1R～10R；BG分成1BG～10BG等，以第5级为此色的代表色，如5R、5Y、5G、5B等。

蒙赛尔色立体的中心轴为无彩色系，以理想纯黑为0，理想纯白为10，从纯黑到纯白分为11个等级，它表示明度系列。色彩的纯度以离开中心轴的距离而定，中心轴上的无彩色纯度为0，离开中心轴距离越远，其纯度值也就越大。

蒙赛尔色立体的横截面上，表示不同色相、不同纯度、相同明度的系列；通过中心的纵截面上，左右两侧互为补色，与中心轴平行的

色组为同色相、同纯度、不同明度的系列，与中心轴垂直的色组为同色相、同明度、不同纯度的系列（图1-16）。

蒙赛尔色彩体系中的色彩符号"H"代表色相，"V"代表明度，"C"代表纯度，即HV／C＝色相、明度值／纯度值。如标5R4/28的颜色是第5号红色，明度值是4，纯度值为28。由此可知，该色为中间明度、纯度很高的红色。又如图1-17为5号紫色色组，左上方5P9/2指明度值为9、纯度值为2，说明该色是高明度、低纯度的紫色；右下方5P1/8指明度值为1、纯度值为8，说明该色是低明度、中等纯度的紫色。

五、色调

在众多的色彩中，由于色相、明度、纯度的相互作用而形成许许多多的色彩。若将这些色彩共有的特色加以系统化整理，使之在视觉上呈现出某种感觉的调子，称之为"色调"。如果把"色调"着重在色彩的理性分析或归类时，又可称之为"色系"。

一般整理色调时，为了便于理

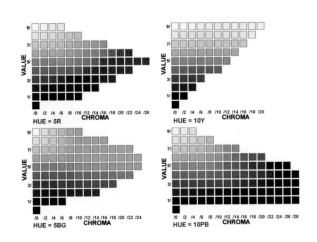

图1-16 蒙赛尔色立体纵截面（色相、明度、纯度关系表述）

解，通常采用明度阶与纯度阶垂直构成的色相面，借着明度的高低和纯度的强弱变化来整理出明、暗、强、弱、浓、淡等各种不同的色调。

如（图1-18）所示，最右边为纯度最高的色调，是不含有白或黑的最鲜艳的色调。从最右边往左上方，由于色彩中加入了白色，于是明度提高、纯度降低，所以有高明度的色调、明亮的色调、浅色调、淡色调等。由最右边往左下方，由于色彩中加入黑色，明度降低，纯度也降低，有深色调、暗色调等。从最右边往左边，可以看到纯色调以及纯色调附近的强色调，还有色彩中加入大量灰色所形成的浊色调。最左侧，由于纯度减弱，明度变化强烈，除了深灰调、灰色调、浅灰色调之外，也有只含一点点纯度的带浅灰的色调等。

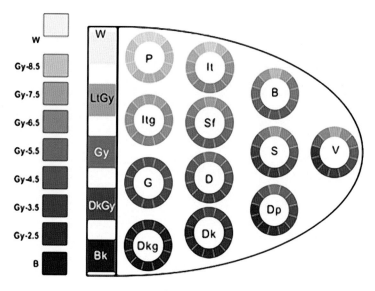

图1-18 PCCS 日本色研所色彩系统色调图

鲜明的色调　　　　　苍白的色调　　　　　明灰的色调　　　　　暗的色调

图1-19 不同色调的服装

第二章 服装色彩视觉生理规律与心理

一、服装色彩视觉生理机制

人们通过感觉器官从外部世界接受信息，从而产生了视觉、听觉、味觉、嗅觉、触觉等感知，其中视觉器官是最为重要的。视觉是人们认识世界的窗口，因为它负担着80％的接受任务。人的眼睛是最精密、灵敏的感受器官，世界上一切物体的形状、位置、空间、大小等各种区别都是靠眼睛来认识和识别的。

人眼的外形呈球状，故称为眼球（图2-1）。眼球内具有特殊的折射系统，使进入眼内的可视光汇聚在视网膜上。视网膜上含有感光的视杆细胞和视锥细胞。这些感光细胞把接收到的色光信号传到神经节细胞上，又有视神经传到大脑皮层枕叶视觉中枢神经，产生色彩感觉。

眼球壁由三层膜组成。由外向内顺次为纤维膜、血管膜和视网膜。纤维膜是坚韧的囊壳，前1/6为角膜，后5/6为巩膜。血管膜由前至后分为三部分，分别为虹膜、睫状体和脉络膜。虹膜又称为彩帘，能控制瞳孔的大小，光弱时大、光强时小。因此，虹膜能够调节眼球的进光量。在眼球的内侧有视网膜，它是视觉的接受器，是感受物体形与色的主要部分。

眼睛的感光是由视网膜上的视觉细胞所致，即视锥细胞和视杆细胞。视锥细胞在强光下感觉灵敏，能感觉色彩的信息；而视杆细胞是人眼夜间活动的视觉机制，它对色彩的明暗感觉反应敏锐，能够感受弱光的刺激，在弱光下能辨别明暗关系，但不能分别色相关系。视锥细胞和视杆细胞共同完成物体的明暗度和色彩关系的视觉感受。视杆细胞越多，则在弱光下视觉反应较强，视杆细胞越少，则视觉反应会比较差。每个人由于视锥细胞和视杆细胞的多少不同而形成个人之间的视觉差异，所以，在对色彩的辨别和认知时会有不同。

视网膜在视神经出口处没有视觉细胞，所以不能感受光的刺激，被称为"盲点"。正对瞳孔处称为"黄斑"，其中有一个浅凹，是视觉最敏感的区域。黄斑是视网膜中感觉最敏感的部分，位置刚好在通过瞳孔视轴的方向。人们注视物体时觉得非常清楚，是因为影像刚好投射到黄斑上的关系。黄斑下有盲点，它虽然是神经集中的部位，但是由于缺少视觉细胞，所以不能认识物体的影响和色彩。

视觉的过程是从光线到物体、到眼睛、到大脑、到视知觉。如果把人的眼睛比喻成照相机，那么水晶体相当于镜头（水晶体通过悬韧带的运动可以自动调节光圈），玻璃体相当于暗箱，视网膜相当于底片。当人眼受到光的刺激后，通过水晶体投射到视网膜上，视网膜上视觉细胞的兴奋与抑制反应，又通过视神经传递到大脑的视觉中枢产生物体和色彩的感觉。

二、服装色彩视觉生理现象

1. 视阈与色阈

视阈是指能产生视觉的最高限度和最低限度的刺激强度，通俗来讲，是指人眼在固定条件下能够观察到的视野范围。视阈内的物体投射在视觉器官的中央凹时，物像最清晰；视阈外的物体则呈现模糊不清的状态。视阈的范围因刺激的东西不同而有所不同。

人眼对色彩的敏感区域被称为色阈。由于视锥细胞中的感光蛋白元分布情况不一样，所以只形成一

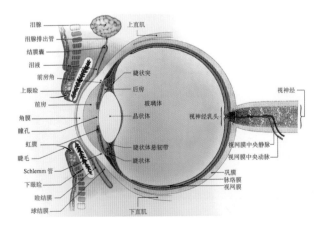

图2-1 眼球的结构

定的感色区域。中央凹是色彩感应最敏感的区域，由中央凹向外扩散。色彩的视觉范围小于视阈，这是因为视锥细胞在视网膜上的分布不同、颜色不同，视觉范围就会有所不同。

2. 视觉适应

生物在自然生存竞争中的进化具有了适应环境变化的本能。人类在与自然环境相互作用的过程中，也逐步形成了许多适应自然环境的本能。比如，在炎热的夏天，人体通过出汗降低体温；在寒冷的环境下，人们通过颤栗，毛孔收缩，保存热量；在强光下，眼睛会自动调节瞳孔，减少进光量，以此保证视觉敏感度，减轻视觉疲劳。人的这种感觉器官适应能力在视觉生理上叫做视觉适应。

一般来说，视觉适应有以下三种情况：

1）明暗适应

在日常生活中，我们经常可以感觉到这种情况：原来在一个光明的环境中，比如灯光下，忽然停电了，突然会觉得什么也看不清楚，但经过一段时间以后，能渐渐地看清周围的物品。这种现象叫做暗适应。相反，如果我们从一个很暗的地方，比如原来被蒙着眼睛，忽然到了亮处，突然会觉得眼前白茫茫一片的耀眼，什么都看不清，但几秒钟以后，视觉会恢复正常。这种现象叫做明适应。

眼睛在暗适应过程中，瞳孔直径扩大，使进入眼球的光线增加10～20倍，视网膜上的视杆细胞迅速兴奋，视觉敏感度不断提高，从而获得清晰的视觉。视觉暗适应的过程大约需要5～10分钟。明适应是视网膜在光刺激由弱到强的过程，视锥细胞和视杆细胞的功能迅速转换，这个适应时间比暗适应短得多，大概只需要2秒钟。

2）距离适应

人的眼睛相当于一部精密度很高的照相机，它具有自动调节焦距的功能。人眼的晶状体相当于透镜，晶状体可以通过眼部肌肉自由改变厚度来调节焦距，使得物像在视网膜上始终保持清晰的影像。因此，在一定范围内不同距离的物体眼睛都能看得很清楚。

3）颜色适应

颜色适应指人眼在颜色刺激的作用下所造成的颜色视觉变化。例如，当眼睛注视绿色几分钟之后，再将视线移至白纸背景上，这时感觉到白纸并不是白色，而是绿色的互补色——品红色，但经过一段时间后又会逐渐恢复白色感觉。这一过程称为颜色适应。由于这一适应过程的存在，当背景上的颜色消失后，会留下一个颜色与之互补、明暗程度也相反的像。这种诱导出来的补色时隐时现，多次起伏，直至最后消失。

视觉适应对认识服装色彩的影响很大。因为人周围环境的色彩及明暗变化很大，所以，人的眼睛的视觉适应能力对人适应客观环境的变化具有非常大的意义。例如，在

图2-2　视觉适应对认识服装色彩的影响

星光下和在太阳光下，亮度相差数百万倍，如果人的眼睛不具备视觉适应机制，就不可能辨别服装色彩的色相、明度和纯度。人的眼睛的视觉适应能力是在认识世界的过程中不断地发展而来。但是视觉适应有时候却带来了消极的作用，因为它会影响人们客观地、真实地反映世界的真实面貌。例如，服装店里陈列的服装多用暖黄光射灯照射，这样消费者就很难分辨出服装的真实色彩（图2-2）。

人眼认识色彩的准确性和时间有密切的关系。颜色刺激在我们眼睛上的作用只需几秒就足以使眼睛对某一颜色的敏感性降低，而使颜色的色彩感觉由此而改变。如果长时间注视某种颜色，它的纯度感觉会显著减弱，深色会变亮、浅色会变暗。所以服装色彩设计者整体观察、整体比较、整体考虑色彩的感受，并注意始终保持对服装色彩的新鲜感觉和第一印象，培养敏锐的观察能力。

3. 色的错觉与幻觉

物体是客观存在的，但视觉现象并非完全是客观存在，而在很大程度上是主观的东西在起作用。当人的大脑皮层对外界刺激物进行分析、综合发生困难时，就会造成错觉；当前知觉与过去经验发生矛盾时，或者思维推理出现错误时就会引起幻觉。色彩的错觉与幻觉会出现一种难以想象的奇妙变化。我们在从事色彩设计实践时常常会碰到以下几种情况：

1）视觉后像

当视觉作用停止后，在眼睛视网膜上的影像感觉并不立刻消失，这种现象叫视觉后像。视觉后像的发生是由于神经兴奋所留下的痕迹作用，也成为视觉残象。这种后像一般有两种：

（1）正后像。如果你在黑暗的深夜，先看一盏明亮的灯，然后闭上眼睛，那么在黑暗中就会出现那盏灯的影像，这种叫正后像。日光灯的灯光是闪动的，它的频率大约是100次/秒，由于眼睛的正后像作用，我们并没有观察出来。电影也是利用这个原理，所以我们才能看到银幕上物体的运动是连贯的。

（2）负后像。正后像是神经在尚未完成工作时引起的。负后像是神经疲劳过度所引起的，因此其反应与正后像相反。当你在阳光下写生一朵鲜红的花，观察良久，然后迅速将视线移到一张灰白纸上，将会出现一朵青色的花。这种现象在生理上可以解释为：含红色素的视锥细胞，较长时间的兴奋引起疲劳，相应的感觉灵敏度也因此降低，当视线转移到白纸上时，就相当于白光中减去红光，出现青光，所以引起青色觉。

视觉负后像的干扰常常使我们在判断颜色时发生困难。例如，经验甚少的设计师在进行服装色彩设计时，长时间的色彩刺激会引起视觉疲劳而产生后像，使其感受色彩感灵敏度不断降低，色彩分辨能力迅速下降。解决这个问题的方法是注意观察与设计时的节奏，避免视觉疲劳。

2）同时对比

为什么在明亮的背景前所有物体的颜色都变暗，在黑暗的背景前所有的物体的颜色都变亮？为什么在红纸上写黑色的字，黑字中带着绿色的感觉？这是因为各种不同色彩相比邻时都会发生程度不同的同时对比作用。色彩的同时对比是由于眼睛同时受到不同色彩刺激时，色彩感觉会发生互相排斥的现象，结果是相邻的颜色改变了原来的性质，具有相邻的补色光。

色彩同时对比，在交界处更为明显，这种现象被称为边缘对比。色彩同时对比的规律如下：

（1）暗色与亮色相邻，亮色更亮、暗色更暗；灰色与艳色并置，艳色更艳、灰色更灰；冷色与暖色并置，冷色更冷、暖色更暖（图2-3）。

（2）不同色相相邻时，都倾向于将对方推向自己的补色。

（3）补色相邻时，由于对比作用强烈，各自都增加了补色光，色彩的纯度同时增加。

（4）同时对比效果随着纯度的增加而增加，同时以相邻交界之处即边缘部分最为明显。

（5）同时对比的作用只有在色彩相邻时才能出现和产生，其中以一色包围另一色的效果最为明显。

（6）同时对比的效果可以采用适当的方法加以强化或者抑制。强化的方法包括：提高对比色彩的纯度，强化纯度对比作用；使对比之

色建立补色关系，强化色相对比作用；扩大面积对比关系，强化面积对比作用。抑制的方法包括：改变纯度，提高明度，缓和纯度对比作用；破坏互补关系，避免补色强烈对比；采用间隔、渐变的方法，缓冲色彩对比作用；缩小面积对比关系，建立面积平衡关系。

3）色彩的易见度

在白纸上写黄色的字和黑色的字，哪一个看起来更清楚呢？生活经验告诉我们，当然是白底黑字清楚。原因是人眼辨别色彩的能力是有限的，当色与色过于接近，由于色的同化作用，眼睛无法辨别。色彩学上把容易看得清的程度称为易见度（图2-4）。色彩的易见度和光的明度与色彩面积大小有很大的关系。光线太弱，人们易见度差；光线太强时，由于炫目感，易见度也差。色彩面积大，易见度也大；色彩面积小，易见度则小。

三、服装色彩视觉心理现象

1. 服装色彩的种类与心理

不同色彩会引起人们情绪、精神、行为等一系列心理反应，并表现出不同的好恶。这种心理反应，常常是因人们生活经验、利害关系以及由色彩引起的联想造成的，此外，也和人的年龄、性格、素养、民族、生活习惯分不开。例如看见蓝色，有人联想到天空，有人联想到海洋，有人联想到冷静、沉着；看见红色，有人联想到火，有人联想到太阳，有人联想到热情。针对色彩的这种由经验感觉而产生的主观联想，再上升到理智的判断，既有普遍性也有特殊性；既有共性也有个性；既具有必然性，也有偶然性。

1）红色

红色容易引起视觉注意，使人有兴奋感，易引人注目（图

图2-3　色彩同时对比

图2-4　黄底上不同色彩的易见度

2-5）。由于红光传导热能，使人感到温暖，这类感觉经验的积累，给人以凡红色都温暖的印象。由于红色的注目性高，在宣传标语、广告中上为最有力的宣传色、讯号色。另外，在我国还习惯于将红色作为欢乐、喜庆、胜利时的装饰用色。

图2-5 红色的视觉心理

2）橙色

橙色（图2-6）明视度高，在工业安全用色中，橙色即是警戒色，如火车头、登山服装、背包、救生衣等。由于橙色非常明亮刺眼，有时会使人有负面低俗的意向，这种状况尤其容易发生在服装的运用上。所以在运用橙色时，要

图2-6 橙色的视觉心理

注意选择搭配的色彩和表现方式，这样才能把橙色明亮活泼具有口感的特性发挥出来。

3）黄色

在可见光谱中，黄光波长适中，与红相比，眼睛容易接受得多。黄色光能照明，比如早晚的阳光、大量的人造光等所幅射的光都倾向于黄。黄色的光感最强，给人留下了光明、辉煌、灿烂和充满希望的意向。黄色的功效作用是醒目的（图2-7）。学生用雨衣、雨鞋等，都使用黄色，这也是运动服较常使用的色彩。

图2-7 黄色的视觉心理

4）粉红色

尽管红色与激情相连，但粉红色却与爱情和浪漫有关。它是个时尚的颜色，尽管通常被认为是个很女性的颜色，但是并非女性专用色。粉红色（图2-8）代表着可爱甜美、温柔和纯真，代表青春，代表期待爱情。很多人在恋爱的时候会觉得周围一切都会是粉色般甜美。深粉红色表示感谢。粉红色还有使人放松的效果。从精神上而言，粉红色可以使激动的情绪稳定下来；从生理上而言，粉红色可以使紧张的肌肉松弛下来。因此，住在粉色装饰的房间中，有助于缓解

图2-8 粉红色的视觉心理

精神压力，促进人的身心健康。

5）绿色

在自然界中，绿是植物的色，绿色也是生命的色（图2-9）。绿色的生命和其他生命一样，具有从诞生、发育、成长、衰老到死亡的生命过程，而每个阶段会显现出不同的绿色。如黄绿、嫩绿、淡绿、草绿，给人以大自然活跃的青春感，有春天的意象，是生命力成长的起步；艳绿、中绿、浓绿有盛夏的印象，表现成熟、健康、兴旺。灰绿、土绿、褐茶色意味着秋季，反映了收获；灰兰绿、灰土绿、灰白绿、灰褐绿等色有冬季的意象，反映了衰老和终结。

图2-9 绿色的视觉心理

6）蓝色

在服装色彩设计中，蓝色具有沉稳的特性，拥有理智、准确的意向（图2-10）。人类所知甚少的地方许多是蓝色的所在。如宇宙、深海，具有神秘感，现代人把它作为科学探讨的领域，容易给人以冷静、沉思、智慧和征服自然的力量感。蓝色的收敛性强，涂蓝色的面积或体积看起来比实际小。蓝色的服装有稳定感、庄重感。深蓝色带有近乎黑色的表情。

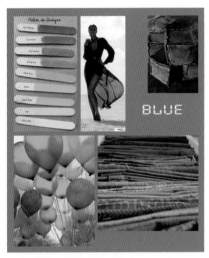

图2-10 蓝色的视觉心理

7）绿松色

绿松色（图2-11）是近年十分流行的时尚色彩。它是蓝色颜色之一，介乎蓝色和绿色之间。鸭绿色、青绿色和蓝绿色都是相似的颜色。在英语等欧洲语言中，因为绿松色类似绿松石的颜色，因此这颜色以绿松石命名。绿松色据称有镇定的作用，主流的医院中常使用绿松色作墙壁颜色。绿松色多使用在女性小礼服和休闲服装中。

8）紫色

在服装色彩设计中，紫是表示虔诚的色（图2-12）。暗色的紫阴郁，暗示迷信或潜伏灾难，容易造成心理上的忧郁、痛苦和不安；明亮的紫色表示理解、优雅、美好的情绪，具有魅力。紫色的表现范

图2-11 绿松色的视觉心理

围，从与孤独或献身相关的兰紫到暗示神圣的爱及精神支柱的红紫，其明色表示光明面、积极性，暗色象征黑暗面、消极性。浅紫色往往出现在女性内衣中，深紫色在大衣外套中实用较为普遍。

图2-12 紫色的视觉心理

9）褐色

在服装色彩设计中，褐色通常用来表现原始材料的质感，如麻，代表着深厚、稳定、沉着、寂寞（图2-13）。它们是动物皮毛的颜色，有厚实、温暖之感。在自然界中它是很多植物的果实与块茎的色，充实、饱满，给人以温饱、朴素、实惠、不哗众取宠的感觉。

同时，它们还是岩石、矿物以及持久性颜料的色。坚实、牢固、持之以恒。因此，褐色会用在秋冬服装中或是作为中间色和其他色彩相搭配。

图2-13 褐色的视觉心理

10）白色

在服装色彩设计中，白色具有高级、科技的意向，通常需和其他色彩搭配使用。纯白色会给人寒冷、严峻的感觉，所以在使用白色时都会掺一些其他的色彩，如象牙白、米白、乳白、苹果白。在服装用色上，白色是永远流行的主要色，可以和任何颜色作搭配（图2-14）。

图2-14 白色的视觉心理

图2-15　黑色的视觉心理

11）黑色

在服装色彩设计中，黑色具有高贵、稳重、科技的意向，也是一种永远流行的主要颜色，适合与许多色彩作搭配（图2-15）。从理论上讲，黑色即无光，是无色之色。无光对人们的心理影响有两种：一是积极类，如黑夜使人得到休息、安静、深思，黑色有坚持、准备、严肃、庄重、坚毅之感；二是消极类，如漆黑的地方，会有失去方向、无助、阴森、恐怖、忧伤、消极、沉睡、悲痛，甚至死亡等意象。

12）灰色

在服装色彩设计中，灰色具有柔和、高雅的意向，而且属于中

图2-16　灰色的视觉心理

间性格，男女皆能接受，所以灰色也是永远流行的主要颜色（图2-16）。在许多的服装设计作品中，几乎都采用灰色来传达高级、科技的形象。使用灰色时，大多利用不同的层次变化组合或搭配其他色彩，才不会过于朴素、沉闷而有呆板、僵硬的感觉。　在色彩体系中，灰色是最被动的色彩，它是彻底的中性色，依靠邻近的色彩获得生命。灰色一旦靠近鲜艳的暖色，就会显出冷静的品格；若靠近冷色，则变为温和的暖灰色。

13）光泽色

在服装色彩设计中，光泽色（图2-17）是质地坚实、表面平滑、反光能力很好的物体色。主要指金、银、铜、铝等色，它们属于贵重金属的色，容易给人以辉煌、高级、珍贵、华丽的印象。这也是近年来较为流行的服装色彩。光泽色的合理使用容易给人以时髦、具有未来感的印象。光泽色属于装饰功能与适用功能都特别强的色彩。

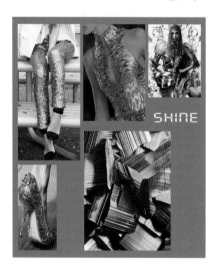

图2-17　光泽色的视觉心理

2.　服装色彩的情感

人类虽然种族不同、肤色不同，但是具有类似的生理机制和情感，这些情感以及生存环境使人类在对外界事物的感应心理方面也存在着一定的共性。人们在服装色彩

心理方面存在着共同的情感特征，具体表现在以下几个方面。

1）暖色与冷色

冷暖本来是人的皮肤对外界温度高低的触觉。太阳、炉火、烧红的铁块，它们射出的红橙色光有导热的功能，其光所及将使空气、水和别的物体的温度升高，人的皮肤被这些射出的光照所及，亦会觉得温暖。而大海、远山、雪地等环境，是蓝色光照最多的地方，这些地方的温度总是比较低，人在这些地方只会觉得冷。因此，看见红色光，无论它是光源色还是物体色，都会引起条件反射，皮肤会觉得热，心理也觉得温暖；看见蓝色光，皮肤产生冷的反应，心理也会觉得冷。可见，冷暖色的提法来源于色光的物理特性，更大量地来源于人们对色光的印象和心理联想。而眼睛对色彩冷暖的判断主要不是依赖于眼睛本身对色彩的感觉，而是依赖联想和对冷暖感觉体验而形成的色彩概念的积累。（图2-18~图2-19）

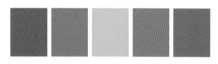

图2-18　冷色调

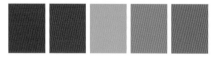

图2-19　暖色调

2）积极色与消极色

在色环中，红、橙、黄等暖色系的色彩，可以使人感到有兴奋、积极的情绪产生，所以这些色彩被称为兴奋色或积极色；寒色系中的青、青紫等色，则令人有沉静、消极之感，称这些色彩为沉静色或消极色；居中间性质的绿、紫等色较无刺激性，是属于较柔和的色彩。

以上是以单色出现时所作的比较。此外，彩度高的色又比彩度低的色较为积极。（图2-20～图2-21）

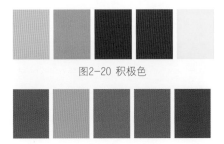

图2-20 积极色

图2-21 消极色

3）膨胀色与收缩色

红色系中像粉红色这种明度高的颜色为膨胀色，可以产生放大的感觉；而冷色系中明度较低的颜色为收缩色，可以产生缩小的感觉。像藏青色这种明度低的颜色就是收缩色，因而藏青色的物体看起来就比实际小一些。明度为0的黑色更是收缩色的代表。在服装色彩设计中如能很好地利用收缩色，可以"打造"出苗条的身材。搭配服装时，建议采用冷色系中明度低、彩度低的颜色，特别是下半身穿收缩色时，可以达到很好的收缩效果。（图2-22～图2-23）

图2-22 膨胀色

图2-23 收缩色

4）轻的色彩与重的色彩

色彩的外表感觉，有时会给人一种轻或重的量感。其主要的原因是由于明度的关系。通常，明度高的色彩比明度低的色彩更显轻盈。有彩色中，红、橙、黄、绿、青、紫等各色相中是以其明度来比较各色的轻重感，如果各色加以明度高低的变化，色彩的轻重感也随之改变。在无彩色中，白色是最轻的颜色，灰色次之，黑色则是感觉最重的色彩。在服装色彩设计中，春夏、儿童、女性往往会选择较轻的色彩，而秋冬、老年、男性往往会选择较重的色彩。（图2-24～图2-25）

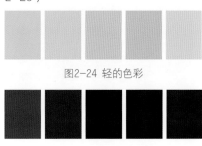

图2-24 轻的色彩

图2-25 重的色彩

5）华丽的色彩与朴实的色彩

色彩的华丽与朴素感与色相关系最大，其次是纯度，再次是明度。红、黄等暖色和鲜艳而明亮的色彩具有华丽感，青、蓝等冷色和浑浊而灰暗的色彩具有朴素感。有彩色系具有华丽感，无彩色系具有朴素感。色彩的华丽与朴素感也与色彩组合有关，如运用色相对比的配色具有华丽感，其中以补色组合为最华丽。为了增加色彩的华丽感，金、银色的运用最为常见。所谓金碧辉煌、富丽堂皇的宫殿色彩，昂贵的金、银装饰是必不可少的。在服装色彩设计中，常用华丽的色彩打造晚装、宴会服等，而家居服则使用朴实的色彩较多。（图2-26～图2-27）

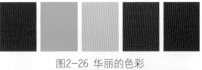

图2-26 华丽的色彩

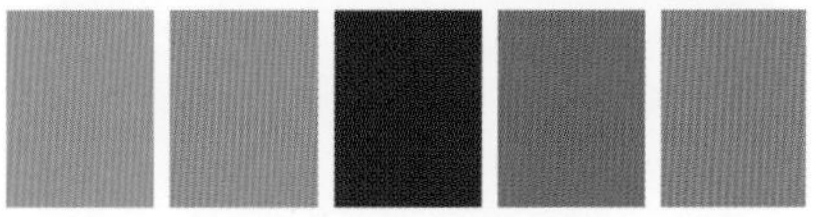

图2-27 朴实的色彩

6）柔软的色彩和坚硬的色彩

色彩的软硬感与明度有关系。明度低的色彩给人以坚硬、冷漠的感觉。相反，明度高的色彩给人以柔软、亲切的感觉。在服装色彩设计中，可以利用色彩的软硬感来创造舒适宜人的色调。软色调给我们以明快、柔和、亲切的感觉。在女性与儿童服装中运用显得十分重要。明度高感觉越软，明度越低感觉越硬，但黑白两色的软硬感并不是很明确。色彩的软硬感还与纯度有关，即高纯度和低明度的色彩都有坚硬的感觉。明度高、纯度低的色彩有柔软感，比如儿童服装色彩。（图2-28～图2-29）

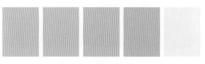

图2-28 柔软的色彩

图2-29 坚硬的色彩

3. 不同色调组合的心理印象

不同的色调组合会让人们在感知过程中因多种感觉器官相互作用而引起联想性知觉。这种印象是人们长期通过心理感受积累获得的。

浅的、明亮的色彩会产生明快的色调（图2-30），它和暗的色相所组成的深沉的色调形成对比。如果想产生明快的色调建议使用明亮的干净的清澈的色彩。这种颜色更加的积极和丰富。

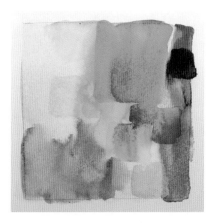

图2-30 明快的色调

深沉的色调产生的一个深邃的很强烈的色彩印象，这个色调并不是单纯地加强明度而是运用具有非常强烈的力量感的色彩（图2-31）。

图2-31 深沉的色调

柔和的色调可以选择彼此色相很接近的色彩，这会比色相对比的色彩更能形成一种和谐宁静的效果。柔和的色调由彼此相互关联的色彩产生，这种相似形成了一种和平、无忧无虑、具有亲近感的效果（图2-32）。

图2-32 柔和的色调

刺激的色调由本身色相相对立的或者是相对比的色彩构成，它的视觉印象是烦乱、躁动和兴奋（图2-33）。

图2-33 刺激的色调

单调的色调看起来沉闷而中性，除了可视的效果，单调的色调通常不会影响我们。我们可以在任何地方都发现单调的色调，是纯化者的一种表达形式（图2-34）。

图2-34 单调的色调

与单调的色调相对应的是尖锐的色调。这种色调颜色非常的丰富、不和谐且无序，被随意地摆放，没有任何色彩的规律可循（图2-35）。

图2-35 尖锐的色调

轻快的中等明度色调形成一种愉悦而明朗的印象。它让我们想起了奶油蛋糕、婚礼和Disney（图2-36）。

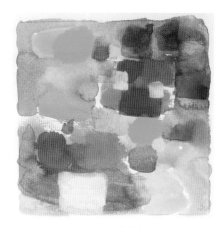

图2-36 轻快的色调

深的庄重的色调形成一种紧张感，它们很容易让人联想到快乐和欲望，但无关壮观与华丽（图2-37）。

图2-37 庄严的色调

辉煌的色调，强烈的色相对比创造出精湛、成熟的视觉效果。色彩变得更加的恢宏、贵气（图2-38）。

图2-38　辉煌的色调

情感外溢的色调，冷色和暖色、纯净和不纯净，轻淡和黑暗的结合产生出一种无节制的放纵感觉。巴西热舞、斗牛、革命、毁灭、疯狂都具有它们自己的色彩语言（图2-39）。

图2-39　情感外溢的色调

安详的色调是中性的、宁静的色彩，像水一样安静流淌（图2-39）。

图2-39　安详的色调

狂热的色调世界是永远不会有小憩的瞬间的。这些颜色激发起人们的感官，用不和谐和间歇感制造出既不完美也不完整的印象（图2-40）。

图2-40　狂热的色调

绚丽的色调犹如夏天花草的盛开，充满了新鲜的能量。这些色彩几乎都是由花、草和水果的颜色构成（图2-41）。

图2-41　绚丽的色调

第三章　服装色彩的对比与调和

服装色彩美是通过色与色的相互组合体现的。色与色的对比与调和关系是色彩组合设计的重要配色规律。色彩对比给予服装生机和活力，色彩协调则带来柔和与舒适。两者运用得当会使服装产生活泼、安静、刚强、柔弱、雅致、艳丽、繁复、简洁等多种风格。

一、服装色彩的对比

服装色彩的对比指服装色彩间存在的矛盾色彩。对比是区分色彩差异的重要手段，是配色中首先要遇到的问题，也是贯穿整个色调构成过程的一个与色调相对而又相互联系的概念。服装色彩对比主要表现在色与色之间进行的对照与比较。

服装色彩对比的重点就在于它的特殊性。色彩对比就是色彩的矛盾因素与对立统一的规律。色彩的配合都带有一定的对比关系，在色彩构图中是客观存在的，而装饰色彩美的魅力常常就在于色彩对比因素的把握与妙用。下面将从明度、色相、纯度、冷暖、面积等五种主要对比来探讨每种对比的强、中、弱的对比效果，研究面积、形状、位置、肌理等关系与对比效果的影响以及色与色之间的相互关系，特别是二色或多色并置所产生的变化和特殊效果。

1. 色相对比

两色相配时，因色相的差别而形成的色彩对比称色相对比。色相对比的强弱决定于色相在

图3-1　无彩色对比

图3-2　现代感的无彩色对比服装

图2-3　无彩色有彩色对比

图3-4　活泼的无彩色有彩色对比服装

色环上的角度。角度越小，对比越弱；反之，对比越强。在24色相环中，任定一色，与此色相邻之色为邻近色；色环上两色距离角度约为15°～60°左右，是为类似色；色环上两色距离角度约为60°～120°左右，是为中差色；色环上两色距离角度约为120°～125°左右，是为对比色；色环上两色距离角度约为180°左右，是为互补色。同种色、邻近色、类似色为色相弱对比；中差色为色相中对比；对比色为色相强对比。由于这些角度的大小，可以将色相对比分为零度对比、调和对比及强烈对比。

图3-5 同种色相对比

图3-6 含蓄的同种色相对比服装

图3-7 邻近色相对比

图3-8 整体感的的邻近色对比服装

1）零度对比

零度对比可以分为无彩色对比、无彩色与有彩色对比、同种色相对比以及无彩色与同种色相对比等几大类。

（1）无彩色对比。虽然无色相，但它们的组合在实用方面很有价值。如黑与白、黑与灰、中灰与浅灰，或黑与白与灰、黑与深灰与浅灰等。对比效果令人感觉大方、庄重、高雅而富有现代感，但也易产生过于素净的单调感。（图3-1、图3-2）

（2）无彩色与有彩色对比。如黑与红、灰与紫，或黑与白与黄、白与灰与蓝等。对比效果感觉既大方又活泼，无彩色面积大时，偏于高雅、庄重，有彩色面积大时活泼感加强。（图3-3、图3-4）

（3）同种色相对比。一种色相的不同明度或不同纯度变化的对比，俗称姐妹色组合。如蓝与浅蓝（蓝+白）色对比，橙与咖啡（橙+灰）色对比，绿与粉绿（绿+白）或墨绿（绿+黑）色对比等，对比效果感觉统一、文静、雅致、含蓄、稳重，但也易产生单调、呆板的弊病。（图3-5、图3-6）

（4）无彩色与同种色相比。如白与深蓝或浅蓝、黑与橙或咖啡色等对比，其效果综合了无彩色与有彩色对比以及同种色相对比的优点，令人感觉既有一定层次又显大方、活泼、稳定。

2）调和对比

（1）邻近色相对比

邻近色是指在色环上紧相邻的色彩。邻近色相差别很小，色彩对

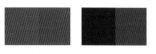

图3-9 类似色相对比

图3-10 柔和的类似色对比服装

图3-11 中差色相对比

图3-12 明快的中差色对比服装

比非常微弱。虽然是不同的色相，但是相似于同种色相的配合，可略补同种色相对比的不足，但也易于单调，配色中必须借助明度、纯度对比的变化来弥补色相对比感之不足。(图3-7、图3-8)

（2）类似色相对比

类似色相对比要比邻近色相对比明显些。类似色相含有共同的色素，它既保持了邻近色的单纯、统一、柔和及主色调明确等特点，同时又具有耐看的优点，但如不注意明度和纯度的变化，就易于单调。在配色中可运用小面积作对比色或以灰色作点缀色增加色彩生气。(图3-9、图3-10)

（3）中差色相对比

中差色介于类似色相和对比色相之间，因色相差比较明确，色彩对比效果较明快。(图3-11、图3-12)

3）强烈对比

（1）对比色相对比

对比色相对比的色感要比类似色相对比鲜明强烈，其色彩对比具有饱满、华丽、欢乐、活跃的感情特点，容易使人兴奋、激动。(图3-13、图3-14)

（2）互补色相对比

互补色相对比是最强烈的色相对比，能使色彩对比达到最大的鲜明程度，与其他色相对比，更富有刺激性，可引起视觉的足够重视。现代色彩学家伊顿说："互补色的规则是色彩和谐布局的基础，因为遵守这种规则会在视觉中建立起一种精神的平衡。"在运用同种色、邻近色、类似色配色时，如果色调平淡乏味、缺乏生气，可以适当地在对比中使用补色，将会使画面效果得到改善。互补色相对比的配色特点是强烈、鲜明、饱满、充实、活跃、刺激，在同样多的色参加

图3-13 对比色相对比

图3-14 华丽的对比色对比服装

图3-15 互补色相对比

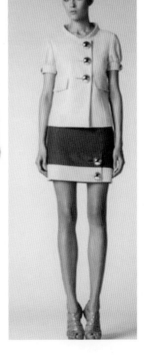

图3-16 刺激的补色对比服装

对比的前提下，任何别的色相对比都会显得单调。但掌握不好，它也会产生不安定、杂乱、欠协调、过分刺激、粗俗和生硬等缺点。（图2-15、图2-16）

（3）多色对比

具有三种以上不同的色相互相配合产生对比作用，称为多色对比。其对比原理，通常以第一色相为主色，第二色相、第三色相以外的色彩则称为副色。多色对比时要考虑到明度的问题，由于色数多，各色的明度差异小。但是，背景色与主题之间的明度差则可大可小，要视色调来决定。多色对比的优点是色彩丰富、色调充实美妙，颇受大众喜爱，但是如果搭配不合适，美感度也会大大减低。（图2-17）

2. 明度对比

因明度差别而形成的对比称为明度对比，也称色彩的黑白度对比。明度对比是色彩构成最重要的因素，色彩的层次与空间关系主要依靠色彩的明度对比来表现。

根据一个十个等级的明度色标，可划分为三个明度区：

①低明度区——具有沉静、厚重、迟钝、忧郁的感觉；

②中明度区——具有柔和、甜美、稳定的感觉；

③高明度区——具有优雅、明亮、寒冷、软弱的感觉。

由三种明度基调又可组成三种中、长、短调的明度对比，明度对比的强弱决定于色彩明度差别的大小，以明度色标为例：

①短调：明度弱对比——相差3级以内的对比，含蓄、模糊。

②中调：明度中对比——相差4～5级的对比，明确、爽快。

③长调：明度强对比——相差6级以上的对比，强烈、刺激。

运用高、中、低调和中、长、

图3-17 丰富的多色对比服装

短调六个因素又可组成九种明度对比的不同的调子。(图3-18、图3-21)

3. 纯度对比

因纯度差别而形成的色彩对比称纯度对比，它们是较鲜艳色与含有各种比例的黑、白、灰的色彩的对比，并且两色调有明显的鲜艳程度差别。

色立体最表层的色是纯色，从表面层向内逐渐转灰至无彩色系，根据一个十个等级的纯度色标，可划分为三个纯度区：

①灰色区，由0~3级低纯度色组成的基调。

②中色区，由4~7级中纯度色组成的基调。

③鲜色区，由8~10级的纯度较高的色组成的基调。

纯度对比的强弱决定于纯度差，例如：

①纯度弱对比，是纯度较接近

低明度区			中明度区			高明度区		

高长调	高中调	高短调	中长调	中中调	中短调	低长调	低中调	低短调
10	10	10	4	4	4	1	1	1
								4

图3-18 明度对比

高长调　高中调　高短调　中长调　中中调　中短调　低长调　低中调　低短调

图3-19 蓝色调明度对比

图3-20 绿色调明度对比

（高长调　高中调　高短调　中长调　中中调　中短调　低长调　低中调　低短调）

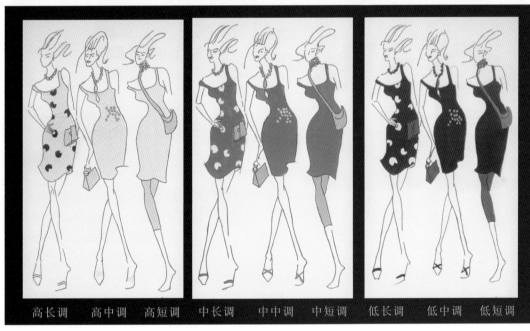

图3-21 紫色调明度对比

（高长调　高中调　高短调　中长调　中中调　中短调　低长调　低中调　低短调）

灰色区			中色区			鲜色区		

鲜强调	鲜中调	鲜弱调	中强调	中中调	中弱调	灰强调	灰中调	灰弱调
10	10	10	4	4	4	1	1	1
								4

图3-22 纯度对比

的色彩对比。色立体纯度色区差3个阶段以下的就是纯度弱对比。

②纯度中对比，是纯度差间隔4~5级的对比。如饱和色与含灰的色的对比，含灰色与无彩色系黑白色的对比。

③纯度强对比，是纯度差大的对比，相差6个阶段以上的纯度对比，称纯度强对比，如高纯度色或纯色与无彩色黑白灰的对比。

在纯度对比中，假如面积最大的色和色组属高纯度色(鲜色)对比的另一色纯度低，这就构成了纯度强对比，那么这组对比可称为鲜强对比。用这样的分法可把纯度对

鲜强调　　　　　　　鲜中调　　　　　　　鲜弱调

中强调　　　　　　　中中调　　　　　　　中弱调

灰强调　　　　　　　灰中调　　　　　　　灰弱调

图3-23 纯度对比

图3-24 冷暖对比

比大体划分为如图3-22所示。（图3-23）

4. 冷暖对比

由于太阳的光线具有热能，又蕴含色彩的起因，可以说色彩与温度是有相关性的，能吸收光线的色彩也能吸收热量；反之，反射光线较强的色彩也较能反射热量。在色彩中，高明度的色彩反射光线的能力较强，因此较具有冷感；而低明度的色彩吸收光线的能力较强，相对较有温暖感。

在色相环中的各色，如红、红橙、橙、黄橙、黄等色属暖色；青紫、青、青绿等色属寒色；紫色与绿色则介于冷暖之间。在服装色彩设计中为了表现冷暖对比的效果，必须尽量抑制其他的对比形式而以单纯的冷色与暖色来作冷暖变化的配置。经对比作用后，冷色在暖色中更具寒冷感，暖色在冷色中则显温暖感，这种现象称之为冷暖对比。（图3-24）

5. 面积对比

面积对比是指两种或两种以上颜色的相对的面积比例，色彩面积数量上的多与少，大与小的结构比例差别的对比。

面积是色彩不可缺少的因素，结合面积来研究色彩对比是因为色彩的明度和色相的纯度只能以相同的单位面积才能比较出实际差别。

单位面积的色彩的明度和色相的纯度不变，随着总面积的增减，它们的光量及色量也随之增减，对视觉的刺激程度与心理影响也有增减；单位面积的色彩的明度和色相的纯度不变，它们的对比关系将随着其面积以及面积关系的变化而变化。对比双方的色彩面积越大，对比效果越强，反之越弱。对比色的面积与其错视程度关系也很大。一般来说，本色彩面积大，对它色的错误影响大，受它色错视影响小，稳定性高；反之，本色面积小，对它色影响小，受它色影响大，稳定性较低。可见，色彩的稳定性的高低与面积的大小恰好成正比。

离开一定的面积就无法讨论色彩的对比效果，离开双方或多方的面积比例关系也无法讨论色彩的对比效果。考虑到这些规律，一般在设计服装色彩对比时，选择中等程度的对比，既能引起视觉的充分兴趣，又能持久地保持这种兴趣。而

30%█+70%█　　50%█+50%█　　80%█+20%█

图3-25 面积对比

图3-26 面积法

设计服饰、首饰等较小面积的色彩对比时，灵活性相对大很多，强对比一般不会引起反感，弱对比也能得到喜爱。（图3-25）

二、服装色彩的调和

服装色彩调和包括两种基本类型：一种是各种对立因素之间的统一，对比的色彩相反或者相成；另一种是多种非对立因素互相联系的统一，形成不太显著的变化，也是调和色彩关系。对立或调和都要在变化中显出多样统一的美。因此，艺术家总是追求一种"不齐之齐"，在参差中求整齐，使人感到既丰富又单纯，既活泼又有秩序的多样统一之美。

理论上说任何色彩都可互相搭配，重要的是色彩与色彩之间能否达到彼此调和的目的。因此，在探讨如何进行服装色彩搭配之前，应先研究最基本的色彩调和理论，以便熟知色彩调和的技巧与方法。

基本的服装色彩调和方法一般有以下几类：

1. 面积法

将色相对比强烈的双方面积反差拉大，使一方处于绝对优势的大面积状态，造成其稳定的主导地位，另一方则为小面积的从属性质。如我国古诗里的"万绿丛中一点红"等。（图3-26）

2. 阻隔法

阻隔法又称色彩间隔法、分离法等。

1）强对比阻隔

在组织鲜色调时，将色相对比强烈的各高纯度色之间，嵌入金、银、黑、白、灰等分离色彩的线条或块面，以调节色彩的强度，使原配色有所缓冲，产生新的优良色彩效果。如图2-27所示。

2）弱对比阻隔

为了补救因色彩间色相、明

图3-27 强对比阻隔

图3-28 弱对比阻隔

图3-29 色相统调

图3-30 明度统调

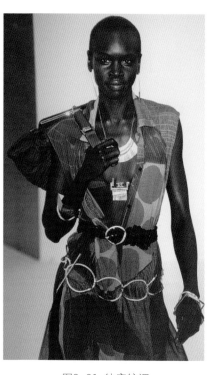

图3-31 纯度统调

度、纯度各要素对比过于类似而产生的软弱、模糊感觉，也常采用此法。如米白、浅黄等较接近的色彩组合时，用黑色线条作勾勒阻隔处理，能求得多方形态清晰、明朗、有生气，而又不失色调柔和、优雅、含蓄的色彩美感。（图3-28）

3. 统调法

在多种色相对比强烈的色彩进行组合的情况下，为使其达到整体统一、和谐协调之目的，往往用加入某个共同要素而让统一色调去支配全体色彩的手法，称为色彩统调。一般有三种类型：

1）色相统调

在众多参加组合的所有色彩中，同时都含有某一共同的色相，以使配色取得既有对比又显调和的效果。如黄绿、红橙、黄等色彩组合，其中由黄色相统调。（图3-29）

2）明度统调

在众多参加组合的所有色彩中，使其同时都含有白色或黑色，以求得整体色调在明度方面的近似。如粉绿、粉红、浅雪青、天蓝、浅灰等色的组合，由白色统一成明快、优美的"粉彩"色调。（图3-30）

3）纯度统调

在众多参加组合的所有色彩中，使其同时都含有灰色，以求得整体色调在纯度方面的近似。如蓝灰、绿灰、灰红、紫灰、灰等色彩组合，由灰色统一成雅致、细腻、含蓄、耐看的灰色调。（图3-31）

4. 削弱法

使原来色相对比强烈的多方，从明度及纯度方面拉开距离，减少色彩同时对比下越看越显眼、生硬、火爆的弊端，起到减弱矛盾、冲突的作用，增强画面的成熟感和调和感。如红与绿的组合，因色相对比距离大，明度、纯度反差小，感觉粗俗、烦燥、不安，但分别加入明度及纯度因素后，情况会改观。如红+黑=土红，绿+黑=墨绿，它们组合后好比红花绿叶的牡丹，感觉变得自然生动美丽。(图3-32)

5. 综合法

将两种以上方法综合使用。如黄与绿色组合时，用面积法使绿面积小，紫面积大，同时使绿中调入灰色，紫中混入白色，则变成灰绿与紫的组合，令人感觉既有力又调和，这就是同时运用了面积法和削弱法的结果。(图3-33)

图3-32 削弱法　　　　　　　　　图3-33 综合法

第四章　服装色彩的形式美

色彩是服装美学的重要构成要素，形式美法则是服装色彩设计的主要方法之一。

我们将色彩的各种排列组合称为色彩构成，构成之美称为形式美。组成服装的色彩的形状、面积、位置的确定及其相互之间关系的处理就是服装色彩的构图。如果把服装的外形所限的范围作为服装的空间，色彩构图就是各种色彩在这一空间的布局，也就是色彩以什么样的形状、面积、位置及何种形式原理占据服装的空间。当然，不同的占据方式会产生不同的美感效果。服装色彩构图并不完全等同于单纯的色彩构成，但撇开它的人文、社会、环境的因素外，就形式美方面，它是与色彩构成一脉相通的。形式美有一定的规律，就是形式美法则。虽说是"法则"，但并不是通向形式美的捷径。形式美是一个复杂而深广的命题，并不是几条规律就能涵盖的。虽然如此，但作为设计师若想创造服装的色彩和谐之美，首先还是要从形式美入手。

一、平衡

一个物体的空间会受到来自各个方向的力的作用，当这些力的作用互相抵消时，物体就处于平衡状态。平衡有两种表现方式：一种为对称，另一种为均衡。均衡感的获得如同天平量物，不同形、不同量的组合产生相对的稳定感，轻重分布得当，就会产生视觉上的平衡。

对称是一种特殊的均衡状态，而均衡只是一种相对的相等，它一般是不对称的，不对称给人以新奇和不稳定感，所以均衡和对称相比，显得丰富多彩。好比对称是1=1，而均衡是1=0.1+0.9、1=0.2+0.8、1=0.3+0.7……或1=0.01+0.99、1=0.02+0.98……，有无限可能。

服装色彩设计中所说的平衡并非完全是这种逻辑法，只是和这些方法有很多相通的地方。色彩的平衡感受色相的影响，同时还与明度和纯度有关。当我们对一片红色凝视一段时间后，立刻转视一片白色，就会发现白色会变成绿色，这种呈现绿色的幻觉，被称为补色效应。产生补色效应，是因为眼睛需要寻求恢复自己视觉的平衡——生理平衡。人们获得这种视觉平衡，就会产生一种舒适感，这是指色相上的平衡感。色相对平衡的影响和它的纯度有关。越是高纯度色，产生的向它的补色方向运动的张力越大。如果在设计上不作平衡处理，人眼在观看时就会产生一种生理力来平衡这种张力。这就是人眼在长时间凝视一种鲜艳色彩时视觉上会产生疲劳的原因。要避免这样的现象发生，就需要在服装配色中对色彩十分鲜艳的服装做一些平衡处理。在具体的处理方法上，可以采用以黑、白、灰或其他低纯度的

图4-1　为避免红、黄、蓝三原色搭配的刺激感，加入少量黑色获得平衡

图4-2　左侧大身的灰褐色调和背心以及头饰的鲜艳色彩互相平衡

色彩来平衡搭配，比如上下装的搭配、服装和配饰的搭配、服装的环境色彩的搭配等。（图4-1~图4-3）

色彩的明度也是对平衡感有重要影响的要素。一个人的服装色彩过于素雅，就会显得软弱无力、没有精神；如果点缀一些深色或者鲜艳色，就可以得到一种平衡感。前面的章节中也提到过，明度还会产生色彩轻或者重的错觉。明度高的色彩显得轻、明度低的色彩显得重。在进行明度配色时，应该对服装的左右、前后、上下的色彩轻重平衡有所把握。（图4-4）

色彩的平衡也离不开面积。色彩的面积是互为依存的。任何一种色彩的面积增大，对人的视觉以及心理影响也会增大。选择不同的色彩组合服装，要考虑到它们之间的面积比。面积差过大，会使人感觉不协调；面积差过小，又会显得变化少、呆板。如果是多个不同明度、色相以及纯度的色块以相近的面积出现，就会削弱原本呆板的缺点，较易获得平衡。（图3-5、3-6）

色彩的平衡受色彩的纯度、色相、明度的共同影响。将不同的色彩组合在一起，暖色、高纯度色、暗色显得重，面积宜小，位置宜下；冷色、低纯度色、明色显得轻，面积宜大，位置宜上。

二、比例

比例是指同类的数或量之间的一种比较关系。在各种形态组合中，差异表现得微小则形成一种调和的艺术效果；如果两者差异过大，则形成一种对比的艺术效果。因为有适当的比例和差异的统一，整体形象才能激发人们视觉上的情趣和美感。

从服装色彩设计的角度来说，对比程度是布置色彩比例的重要因素，包括把握好色相调配的程度所

图4-3 淡粉色的服装易产生没精打彩的感觉，但胸前桃红色的配件以及穿着者浓艳的妆容，使服装削弱了此缺点，达到了平衡

图4-4 明度高的色彩显得轻，明度低的色彩显得重。在日常的穿着中人们较易接受上轻下重的穿着方式

图4-5 不同明度、色相以及纯度的色块，以相近的面积出现，会削弱原本单调呆板的缺点，较易获得平衡

图4-6 裙子运用面积相等色块形成视觉平衡

形成的色调对比以及整体中色彩分割比例等。经常采用的比例关系有黄金分割、渐变比例和无规则比例等。

黄金分割是一种由古希腊人发明的几何学公式，遵循这一规则的构图形式被认为是"和谐"的。在欣赏一件形象作品时这一规则的意

义在于提供了一条被合理分割的几何线段。对许多画家和艺术家来说黄金分割是他们在现时的创作中必须深入领会的一种指导方针，服装设计师也不例外。人的身体各部分含有多项的黄金比例。比例完美的身体，即是以腰部按黄金比例分截的。服装的上下比例以3：5或5：8为佳。相等的比例没有主次感，感觉平淡；过于悬殊的比例又会产生不稳定感；而黄金比适体悦目，它是运用最普遍、视觉效果最理想的比例形式。（图3-7）

渐变比例是按照一定的比例作阶梯式的逐渐移动。渐变比例由于是逐渐而有规律的变化，因而显得柔和、有节奏且富于变化。例如当采用两种反差较大的色彩进行配色时，为避免过分强烈的视觉效果，就可以运用渐变比例，即在一种色彩中以一定的比例一次次加入另一种颜色，最终形成一色向另一色渐变的效果，柔和而充满韵律。如图3-8、3-9所示。

无规则比例，在现代服装设计中，要给美好的色彩比例定一个确切标准是比较困难的。特别是近年来，服装常常受到艺术思潮的影响，追求新颖奇特，以产生刺激感、新鲜感、新潮感，因此，在服装配色比例上不受一定的规则限制。在很多的时候，打破常规，利用比较悬殊的比例组合，易使服装显得新颖时髦、不落俗套。但是，无规则比例并不意味着没有比例。与此相反，设计师需要对服装色彩比例的真谛有更深的把握，才能打破比例，创造出新的比例美来。如图3-10所示。

三、节奏

在自然界，我们会遇到很多类似反复又富有变化的现象，像山川起伏跌宕、动植物生活规律、生老

图3-7 同类色色彩搭配时，不同色彩的面积比接近黄金分割的比例时视觉效果最为理想

图3-8 运用渐变方法形成秩序调和

病死、太阳黑子活动周期、公转自转等。我们把这种有次序的连续、反复和渐次的现象称为节奏，而又把优美的、有一定情调色彩的节奏称为韵律。

节奏有两层关系：一是时间关

图3-9 渐变比例的视觉效果柔和而充满韵律

图3-10 无规则比例搭配需要设计师运用经验，打破传统比例关系，创造出新的比例美

系，指运动的过程；二是力的关系，指强弱的变化。高低、强弱、连续、重复、间隔、停顿等是节奏的主要组合形式。节奏具有运动美

图4-11 红色、绿色、蓝色粗条纹有规律的重复

图4-13 上衣的格纹图案节律整齐

图4-12 细竖条纹有规律的重复产生节奏感和装饰美。

图4-14 上身蓝紫色肌理无序重复动感强烈

服装色彩中的节奏主要指色相、纯度、明度、位置、形状以及图案等要素以一定的方式变化和反复，当人们的视线在色彩造型的部分和部分之间反复移动时，就会产生节奏感。经过精心设计而体现出轻重缓急的有规律或无规律的节奏变化能形成一定的韵律。服装配色产生的节奏所引起的视觉美感是十分微妙而含蓄的。它主要表现为吸引目光在服装上做更长久的停留，并沿着同样或类似的重复要素在服装的上下、左右移动，从而形成视觉上的丰富感(图4-11、图4-12)。节奏是服装产生律动感的重要原因，它有多种性格，如静的、动的、微妙的、雄壮的、优美的、激烈的等，不同的律动产生不同的气氛。强的色彩节奏产生强的运动感。节奏、律动、运动都是运动艺术造型中重要的形式原理。

色彩节奏表现的方法很多。比如采用服装色彩和配饰色彩的重复来构成节奏；或者使用同一色彩的配饰、拎包、鞋、丝巾等构成重复又富于变化的节奏；图案的二方连续、四方连续也能形成较有规律的节奏；内外衣、上下装色彩的反复出现也能形成自然优美的节奏。

节奏变化的关键在于色彩因素的重复，以及这种重复的合理使用。这种重复变化有三种：有规律的重复、无规律的重复和等级性重复。

1. 有规律的重复

即相同因素的反复，也称简单的机械重复。它给人以节律整齐、庄重安定的感觉。缺点是缺少变化而显得单调呆板。举例来说，条纹、方格图案就是属于有规律的重复。(图4-13)

2. 无规律的重复

即基本因素在方向上不定向、距离上不等距的重复。由于方向、间距的变化，引起了视觉上的不同程度的刺激，动感强烈。如服装的配饰随着人体的不同姿态而形成位置和距离上的节奏变幻；服装面料上的无规律重复的图案或装饰等，都能产生新颖奇异、生动活泼的特殊效果。(图4-14、图4-15)

3. 等级性重复

即按等比、等差的关系逐渐变化重复，也称"渐变"。这种重复的韵律能给视觉和心理带来柔和适度的感觉。比如用宽度渐变的条纹

图4-15 从腰部至下摆的心形和蝴蝶形装饰的无序重复具有新颖奇异的节奏效果

图4-16 宽度渐变的条纹面料做成的裙摆形成优美柔和的渐变节奏

面料做成裙摆，就形成优美柔和的渐变节奏。(图4-16、图4-17)

四、强调

在配色过程中，有时为了改进整体设计单调、平淡、乏味的状况，增强活力感觉，通常在作品或产品某个部位设置强调、突出的色彩，以起到画龙点睛的作用。为了吸引观者的注意力，重点色一般都应安排在画面中心或主要地位。(图4-18)

服装色彩设计中色的强调，是为了弥补整个色彩的单调感，或打破某种无中心的平淡状态和多中心的杂乱状态，选择某个色加以重点表现，从而使整体色调产生紧张感。色彩的强调不仅吸引观者的注意力，同时也是取得色彩间的相互联系，保证色彩平衡的关键。尽管强调色的用色量较小，但其色感和色质的作用却能够左右整个色彩气氛。(图4-19)

从色彩的性质上讲，强调的色应该使用比其他色调更为强烈的色彩，以达到突出重点的目的。所以纯度高的色彩以及和主色调呈对比效果的色彩常用来作为强调色。从色彩的面积上来说，强调的色彩应该使用在很小的面积上，因为小面积的色容易形成视觉焦点。强调色彩的位置往往在视觉中心部位，如头部、颈部、肩部、胸部、腰部

图4-17 自上而下每一层都多加点蓝色相的渐变具有很强的节奏感

图4-18 重点色一般都选择安排在画面中心

图4-19 白绿主调的服装中胸前和腰带上的红色弥补整个色彩的单调感

图4-20 强调色彩常用于服装配饰的色彩上，如图上的红坠项链

图4-21 红色的皮包成为深主调色服装中的强调色

图4-22 黑色包边的红手套和红黑色的大身相呼应

图4-23 包的面料和裤子的面料相一致使服装整体更加和谐

等，这是由于人的注意力在一定视觉范围之内是有差异的。如果服装上印有三个图案，处于中间位置的图案最为抢眼，旁边的次之，边角上的就最不引人注意了。可见色彩的位置也是强调色需注意的问题。从具体的服装部件来看，强调色常用于服装配饰的色彩上，如首饰、项链、胸针、纽扣、腰带、胸针等，这些都是配色中常作重点突

出的对象（图4-20~4-23）。此外，还要注意强调部分不要过多，不宜超过两处，否则会分散注意力，冲淡强调效果。

五、呼应

在审美和创作活动中，呼应是加强相关因素间相互照应、相互联系的一种方式。

具体应用到服装配色设计中，

呼应手法的使用十分常见。一般来说服装的某种色彩不会单独、孤立地出现。特别是当这种色彩和主色调反差很大时，如果忽然独立出现就会影响到服装的整体和谐。也就是说，通常一种色彩总能在其他地方找到相关因素之间的呼应关系。比如类似的大小格纹图案应用与服装的不同部位以形成呼应；各种配饰如项链、耳环、纽扣与鞋的色彩之间形成呼应；内衣和外衣，上下装之间形成呼应。色彩的形状和质感等也都是可用来取得呼应关系的要素。一个色或数个色在不同的部位重复出现，你中有我，我中有你，这是色彩取得调和的重要手段之一。

设计服装色彩时，应正确适度处理好上下、左右、内外、前后及整体与局部的相互呼应关系。呼应色彩的选择、位置的排列、面积的比例等都必须从服装整体色彩需要来考虑，使服装配色得到多样统一的美的表现。（图4-24、4-25）

六、主次

主次是指多种要素相互之间的关系，是对事物局部与局部、局部与整体之间组合关系的要求。

任何艺术作品都有一个表现主题，如同音乐当中的主旋律，其他部分都是为主题服务的，处于附属地位。如果同一首乐曲中出现好几个互不相干的主旋律，欣赏者就会茫然不知所云。服装配色的道理也一样，要在众多的组合因素中各部分色彩之间产生协调感、统一感，最重要的是要在诸多因素中明确一个主调色彩，使之成为支配性色彩，而其他色彩都与它发生关系，做到主调明确，主次色彩相互关联和呼应。

在具体的设计中，一套服装中出现的各种色彩之间的关系不能够

图4-24 绿色的T恤上印有和红色裤子色彩一致的图案，上下呼应，削弱了红绿补色搭配的不协调感

图4-26 次要色桃红色使得这件橙色调为主色的服装显得层次丰富而不杂乱

图4-25 上衣中出现下身中的主体图案，且以不同的方式排列，上下呼应

图4-27 蓝色为服装的主要色彩，胸前和首饰中的橙色为次要色，这种以补色为次要色搭配的方式表现出服装大胆、具有戏剧化的风格特色

平均，要有主次的区别。优势之色要考虑安排最大的面积，然后适当配置小面积的从属色或强调色等。主要的色彩决定了服装的主色调，它应有一种内在的统领性，它制约并决定着次要色彩的变化；次要色彩对主要色彩起着烘托和陪衬作用。应做到用色单纯而不单调，层次丰富而不杂乱，主次分明而互相关联，既统一又有变化。(图4-26)

服装色彩中的主次关系是辩证的，主要色彩的强调要适度，次要色彩也不是可有可无。所谓"红花还需绿叶扶"就是这个道理。一套服装包括各种配饰，如果只有一个色彩，不仅看上去单调，也会产生视觉疲劳；但是如果次要色彩的分量太重，又会影响到主色调的明确，看上去会觉得主题风格含糊杂乱。所以，主和次是一个整体中的两个部分，它们相比较而存在，相协调而变化。只有主次关系处理适宜，才能形成既丰富多样又和谐统一的局面，才能获得完美的艺术表现。(图4-27)

第五章　服装的色彩搭配

色彩、面料、款式是服装的三要素。一套好的服装设计，必然会拥有这三个要素——成功的色彩搭配、合适的布料与新颖的式样。如果这三者相辅相成，应是最完美的设计，但这三者之间最先引起人们注意的往往是色彩。自古就有"远处看色、近处看花"的这个说法。

关于服装的穿着搭配，除了合适的面料、满意的款式外，配色这一项是决定一套服装能否吸引眼球的主要因素。当添置新衣时，如果消费者可以成套购买，将设计师的设计意图完全表现出来，是最为理想的。但当服装单件购买时，人们会希望能和自己衣橱中其他服装相配搭。如果能认识各种搭配的特性，对于设计师和普通穿着者来说都会达到事半功倍的效果。

本章拟定了适用于各种搭配情况的基本配色步骤，从每一步骤逐步了解再扩增到全盘贯通。这样，配色技巧就可以轻而易举地掌握。

一、配色的构成要素

一般说来配色要素有基调色、主调色、从属色、强调色四方面的内容(图5-1)：

1. 基调色

占用面积最大，适合成为底色、背景色，在全部色调中，是最有掌控力的色彩。

2. 主调色

它是配色的支配色，出现频率高，或者占据很大面积，在全体中是最有影响力的色彩。

图5-1 配色构成要素

3. 从属色

仅次于主色调所占的面积，是出现频率比较高的色彩，起辅助作用。

4. 强调色

占用面积最小，是最醒目的色彩，起提升整体画面效果、吸引视点的作用。

二、基本配色步骤

1. 确定基调色

人们注意穿着的色彩，最先看见的即是由色相、明度、纯度三者形成的基调存在。任何色彩都可以成为基调色。通常，基调色是整体服装的色彩印象，深一点、浅一点、暗一点、亮一点，这些细微的差异，对服装色彩而言是很有作用的。基调色的表现也经常会留给旁人第一印象。因此，基调色的决定很重要。(图5-2)

2. 决定主调色

决定主调色的时候，色数不宜过多，一般为一至两种。如果只有一个色为主色，在服装穿着上也可行，很多服装配色成功的例子，往往主色调既明确又单一，整体效果既统一又出色。考虑主色调时，必须以色彩三属性的色相为主要依据，注意和基调色的色彩配合，在明度和纯度上加以变化，不同的搭配方式会形成不同的视觉效果。同时必须注意有以下两种主调色选择情形：

(1)单色相为主调色时，色彩印象强烈，色感庄重、正式。单色相本身的明、暗、深、浅，须仔细比较，和基调色配合。(图5-3)

(2)两色相为主调色时，色感由庄重正式转为轻松、大方。由于单色相主色调较不能满足人们对色彩的需求，于是类似色、对比色、补色或者有彩色和无彩色的结合都可运用。

3. 善用从属色

从属色也属于出现频率较高的色彩，当基调色和主调色确立以后就要选择从属色。从属色可以选择一色或是多色，无论选择多少种色彩均需充分考虑其和基调色以及主调色的关系，以避免色彩多而杂乱。(图5-4)

三、不同人群的服装色彩搭配

1. 不同性别的服装色彩搭配

由于性别的不同，男性天生较女性强壮、理性，而女性则更多地

图5-3 色彩印象强烈的单色相主调色

图5-2 基调色是服装的第一印象

图5-4 从属色需协调基调色和主调色的关系

表现出温柔、含蓄、感性的气质。这种由男性的阳刚性格与女性的阴柔性格造成的差异，在各种色彩中也可以很自然地区分开来。

　　自古以来，男性的用色与女性的用色就有很大的不同。根据色彩心理学家的调查显示，在色相方面，男性用色的偏好顺序为青色、蓝色、青绿色、青紫色、紫红色、红色等；女性用色的偏好顺序为紫红色、红色、青绿色、蓝色、青色、绿色等。由此可知，青色系与红色系分别代表男性色彩与女性色彩的两个极端，成为两性的对比色彩。(图4-5、图4-6)

图5-7 男性服装色彩搭配

图5-8 女性服装色彩搭配

图4-5 男性化色彩

图4-6 女性化色彩

图5-9 婴儿服装色彩搭配

图5-10 儿童服装色彩搭配

1）男性服装色彩搭配

　　现代都市男性，由于他们出席的场合和参加的活动是各种各样的，所以在服装色彩搭配上也需根据场合设计。例如，公司可能并没有严格要求在办公室着正装，但是为了给领导和同事沉稳的印象，仍然会选择一些素色的服装，如深色的西装和浅色的衬衣搭配，这是一种比较保险的选择。因为冷色系的衬衣穿在里面，如淡青色或者浅绿色，这样会给人一种比较冷静的感觉，营造了良好的办公环境。如果在深色的西装里面穿了一件橘红色甚至是火红的衬衣，那给观者的感觉是烦躁不安的。所以男性的服装使用较多的为冷色调、中间色调、

无彩色调等。(图4-7)

2）女性服装色彩搭配

　　女性服装不管是式样或色彩的运用都比男装的范围大。从素色到图案、花纹的选择都可以多样变化。女性服装色彩以暖色调的红色、粉红色、橙色、红橙色、黄色、黄橙色等为主，比较容易表达女性天生的浪漫气质。在色调的表现方面，明朗的浅色调、淡色调、艳丽的色调都是女性常用的服装配色。(图5-8)

2. 不同年龄层的服装色彩搭配

　　不同年龄层的人，由于身心的不同，对色彩的喜好会随着人生不同的阶段而改变。一般将人生分为

六个阶段：婴儿、儿童、青少年、青年、中年、老年等。

1）婴儿的服装色彩搭配

　　婴儿服装性别并不明显，此时的服装主要强调洁净、柔软感，淡粉、淡蓝、淡紫、淡黄等淡色是这一时期常用的色调，应避免使用过于浓烈、深沉的色调。(图5-9)

2）儿童的服装色彩搭配

　　儿童的服装宜使用明确的色相，如红、绿、蓝、黄、紫等，在配色时要注意色相差与明度差。活泼可爱的色调与纯色调都很合适，以鲜明的卡通图案造型与色彩表

现儿童充满奇异幻想的天真童趣。（图5-10）

3）青少年的服装色彩搭配

这个时期的男孩、女孩有了自己的想法，对于自己的服装穿着有了个人见解。明快、富有青春气息的色彩是这个年龄段的首选，如明朗的红、黄、蓝、白的搭配。（图5-11）

4）青年的服装色彩搭配

年轻人是最具有时尚触觉的一群人，他们关心流行动态，有一定的经济支配能力，热情有活力。他们的服装需按时间、地点、事由来进行适当的搭配。强调年轻奔放的气质可采用对比色搭配；表现稳重成熟的风格可采用同类色搭配。（图5-12）

5）中年的服装色彩搭配

中年人是最具有经济实力的人群，他们事业达到高峰，着装讲究，注重得体自然、高雅大方。中年人若色彩搭配不当，会给他人留下不妥的印象。适度降低明度、纯度以保持色彩的稳定性是比较稳妥的方式。中明度的浅色调、稍浅的浊色调、中间色调都是这个年龄段的最佳选择。（图5-13）

6）老年的服装色彩搭配

现代社会趋向老龄化，老年人的穿衣打扮也逐渐受到社会的重视。通常情况下人们会认为老年人适合穿着明度低、纯度低的色彩。其实，在一些特殊场合，老年人也可以穿着一些活泼艳丽的色彩，使用对比色对比、补色对比等，能产生很好的效果。（图5-14）

四、不同场合的服装色彩搭配

美国科学家富兰克林曾说过："饮食也许可以随心所欲，穿衣却得考虑给他人的印象。"每个人在不同的场合都要扮演不同的角色，而着装正是演好这一角色的道具。

图5-11 青少年服装色彩搭配

图5-12 青年服装色彩搭配

图5-13 中年服装色彩搭配

图5-14　老年服装色彩搭配

图5-15 中灰色调在女士职业装中较为常见

图5-16 同色系搭配常被运用到职业装中

如上班时穿职业装，休闲外出时穿休闲装，运动时穿运动装等。这些不同的服装都必须有不同的色彩搭配准则。

1. 职业装的色彩搭配

对于上班族来说，服装色彩搭配有一些特殊的要求。一般情况下，男士以西服领带为标准着装，色调以沉稳大方的配色为宜，套装、西服的配色重点是领带，选择与西服同色系的素色领带，是最为安全的穿着方式。如果想彰显个性，也可以选择花色的领带，最好以暗花纹的为主。上下装搭配时，以上浅下深为宜。另外，袜子配色常被忽略，当穿着深色的职业装时，不宜穿棉质白色袜子，白色袜子可以搭配休闲装。职业装需搭配深色的棉袜，颜色接近裤子的颜色或者皮鞋的颜色。女性职业装色彩相对宽松，只要样式不过分夸张，色彩不过分艳丽，均达到上班场合的要求，通常以中灰色调为主，可以利用一些鲜艳的饰物、衬衣、丝巾等配饰，起到画龙点睛的作用。

图5-17 中老年人休闲装以中间色调为主

（图5-15、图5-16）

2. 休闲装的色彩搭配

工作场合外，如购物、访友、休闲娱乐等，这是一种介于上班和家居之间的场合，可以尽情地表现自我风格。配色方面可以按照配色原理较大地发挥，无论是对比或者

图5-18 年轻人的休闲装色彩凸显个性

调和均可。访友时可根据访问对象、季节等因素，穿着符合时令色彩的服装，给朋友以清爽、亲切的感觉。（图5-17、图5-18）

3. 家居服的色彩搭配

家居服是居家穿着的一种服装，包括睡衣、内衣、浴衣、亲子装等。家居服以深浅色调搭配为主，深色调中红、灰、蓝使用得比较多，浅色调主要以白色、浅粉色为主。睡衣、内衣多使用同色系搭配，亲子装通常使用活泼的对比

色搭配，以营造健康、和谐、舒适、浪漫、时尚的居家氛围。（图5-19、图5-20）

4. 运动服的色彩搭配

运动服的类型较多，有户外服、瑜伽服、网球服、高尔夫服、钓鱼服等。穿着运动服的场所大多是户外，在大自然的怀抱中，应选用明朗活泼的浅色调来装扮，与自然的景色相适宜，使整个气氛轻松愉快。同色系搭配，给人一种闲适感，对比色系相搭配，给人一种活力感。（图5-21~5-23）

5. 约会、宴会装的色彩搭配

赴约会和宴会时往往比较正式，会穿着小礼服类或准礼服类的服装。粉红色调与淡紫色用于情人约会时，被认为是最能表达爱意的色调。参加舞会、宴会时，要首先了解其性质、环境等相关事宜，如参加婚礼、生日会、庆功宴等，为穿着者的角色定位，进行适度的装扮。过于艳丽、华贵的小礼服，会让人觉得过于炫耀，还可能会喧宾夺主，过于灰暗的小礼服，则会使

人感到压抑或消极，甚至不礼貌。

6. 晚礼服的色彩搭配

晚礼服是礼服中最为正式的服装。女士最正式款式是低胸、露肩的拽地长裙，男士则以黑色燕尾服配白衬衫、黑领结作为最正式的晚礼装扮。为了强调庄重豪华的氛围，晚礼服的配色强调高贵、雍容。通常使用的色彩有粉红、暗红、黑、金、银色等，同一件服装上配色不宜太多，以素色为主。（图5-24~图5-26）

图5-19 同色面料的睡衣和浴衣系列

图5-21 纯净的白色常用于瑜伽服

图5-22 配色清新的高尔夫装

图5-20 红黑两色是女士内衣常用的配色

图5-23 网球服通常使用浅色调

图5-24 粉红色的小礼服突出穿着者甜美可爱的气质

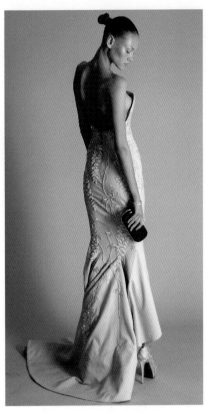

图5-25 银色晚礼服高雅

图5-26 金色晚礼服华贵

7. 舞台服的色彩搭配

演艺人员在舞台上为吸引观众的注意，"奇装异服"似乎是见怪不怪。特殊的配色与特殊的材质往往是舞台服最为吸引人的地方。通常采用的有纯色调、亮色调，在色彩搭配上，比较强调明度对比与纯度对比。对比配色是舞台装的最大特点。(图5-27)

图5-27 色彩丰富的小丑装

五、不同风格的服装色彩搭配

1. 古典风格服装色彩搭配

古典风格服装是指几乎不随流行而变化，但又被多数人喜欢穿着的、常用的一些服装。总之，它指的是现代服装中比较稳定的式样或款式。因此，这类服装的设计比较简单，整体款式不随流行而发生大的变化，只是通过颜色、花纹图案或面料及细节等的变化来体现其流行性。

款式的经典，其色彩必定是寻求一种比较常用而少于变化以及穿着适宜的色调。一般情况下，在秋冬季常被运用的古典风格颜色有黑、蓝、棕、深灰、暗紫红、墨绿等主要色调。古典主义的春夏季服装的色彩，以织物本色为多，米色、咖啡色、象牙白色、奶油色

等以及各种不同色相的灰色，都是这一色彩群中的成员。这些颜色应浅淡、柔和、高雅、素净，以配合古典风格服装庄重的要求。(图5-28、图5-29)

2. 休闲风格服装色彩搭配

休闲风格俗称便装风格。它是人们在无拘无束、自由自在的休闲生活中穿着的服装风格。它将简洁自然的风貌展示在人们面前。这类服装给人以利索、随便的感觉，因而轻便是这类服装发展的最基本的特征。

现代人们虽然十分关注在社会交往场合穿着的礼服或带有礼服性质的服装，但是由于受生活方式改变的影响，人们逐渐对服装的实用性、日常性投入了较过去更多的关注。人们对休闲风格服装的色彩的要求也轻松随意。休闲风格服装的配色在春夏季应以明色调为主，在

图5-28 以织物本色为主的色彩搭配

图5-29 浅淡柔和的色彩配合古典风格

图5-31 黑灰色调表现出古典的庄重

图5-30 轻松随意的配色符合人们对休闲装的要求

和白色的搭配中，形成清晰的明快感；而在秋冬季，则以浓重色和黑色搭配为主，形成厚重和温暖感。（图5-30）

3. 浪漫风格服装色彩搭配

浪漫风格服装主要是指华贵美丽、品质优良、制作工艺比较复杂的服装。在欧洲，一般把浪漫风格的服装明确为罗可可式服装。浪漫风格服装根据面料构成不同，可分为古典浪漫风格服装、朴素浪漫风格服装和民间浪漫风格服装三大类型，而每一种类型的色彩运用又各不相同。

1）古典浪漫风格服装的色彩

这类服装的色彩是以人们通常所喜欢的暗色为主，如深蓝、暗紫红、带蓝味的绿色、深紫以及黑色、灰色等。在着装搭配时，如配上悬垂性能较好的浅淡色彩或古典花型的上衣，可显示出古典的庄重与年轻的甜美。（图5-31）

2）朴素浪漫风格服装的色彩

这类服装多以具甜蜜、轻柔感的中间色或白色为基调，更具女性化。多采用淡粉色、淡黄色、柠檬黄色、淡粉绿色、淡蓝色、丁香色以及一切具有透明感的浅淡颜色和银灰色等。（图5-32）

3）民间浪漫风格服装的色彩

民间浪漫风格服装的色彩，是以织物原料的本色和自然界中的颜色为主构成它的主要色调，如真丝、棉花、麻等未经人工漂白的本色和土地、砂石等大地的颜色。在服装设计的整体配色中，稍微带有些华贵的气氛。在配色时无论采用单色还是采用多色，都应注意：使用单色时要充分利用浓淡搭配所产生的多色效果；使用多色时要保

图5-32 以甜蜜、轻柔感的象牙白色为基调的朴素浪漫风格服装

图5-33 以织物原料的本色为基调的民间浪漫风格服装

持整体感、朴素感。总之，在配色时不应过分强调对比配色的效果。（图5-33）

4. 民族风格服装色彩搭配

民族服装指能够代表不同国家不同民族风俗的服装。在西方人眼里我国最具代表性的民族服装则是旗袍、旗袍裙、对襟上衣等，这些由清代服装延续下来的以满族服装为原型的服装。

由于民族不同、地区不同、气候不同、习俗不同，使服装具有了各种不同的色彩。

东方人传统的民族服装面料多用植物性染料进行染色，并以深色调为主，形成自己独特的特点。但是这些深色多为底色，从而保证上面的花纹无论颜色如何鲜艳，总能取得统一、和谐的效果。西方人无论是普通织物还是刺绣品，色彩都极艳丽，但总体效果非常统一。因为无论它们用的是多么浓艳的颜色，但都统一在整体色调中。

大色调统一于深色之中或以深

图5-34 色彩艳丽和谐的朝鲜族服饰

色描绘花纹轮廓而使整体织物取得色彩的和谐，是民族服装用色的一大特点。（图5-34）

六、不同色系的服装色彩搭配

1. 红色系

在所有颜色中，红色是最刺激、最鲜艳，给人印象最强，最显眼的色彩。红色因其代表希望、喜庆、吉利而受到人们的欢迎。老年人穿红色服装，意味着年轻、长寿；年轻人穿红色服装，意味着青春、活力。红色系主要包括粉红色调、大红色调和深红色调等。（图5-35）

大红	桃红	砖红	深粉
胭脂	番茄红	洋红	亮粉

图5-35 红色系

1）粉红色调

粉红色出现在自然界的樱花、玫瑰、兰花等花卉中。粉红色是所有色彩中女性感觉最强烈的，粉红色的服装具有柔和、喜悦、婉约、浪漫的特征。（图5-36、图5-37）

粉红有偏冷调的和偏暖调的两

图5-36 粉红色调配色

图5-37 深浅两种粉红搭配表现甜美可爱的气质

种。一般来说偏冷调的不适合皮肤偏黄或者偏黑的人群使用。另一种暖色调的粉红，也就是略带黄或者珊瑚色调，类似于水蜜桃色的粉红，在穿搭上就没有标准粉红那么严格，适合皮肤较黑或者偏黄的女性穿着。粉红色会让人显得膨胀，因此对于身材略显丰腴的女性来说，建议选择区域性的粉红色。比如拼接的粉红色之类，此外在材质选择上也要注意，像丝质或雪纺纱那样具有膨胀感的要尽量避免。

在色彩搭配上，粉红与宝蓝色、黑色、灰色、墨绿、紫红都有不错的搭配效果。不过在搭配时需要注意的是，越鲜艳的颜色比例应该越少，否则会和粉红产生冲突，使粉红失去原有的气质。

2）大红色调

大红色的服装，世界各国很多民族都会喜爱，这种色彩的服装代表温暖、欢愉、热情等。大红色的衣服适合在婚礼、庆祝宴会等喜庆的场合穿着。大红色最容易搭配的色彩是白色，可以使红色更显眼，黑色也是适合搭配的色彩之一。此外，红色如果和蓝色、粉红色、褐色等搭配，是很容易失败的。若要和这些颜色搭配，最好夹杂上白色，如红、白、蓝相间，或是红、白、绿相间。（图5-38~图5-40）

3）深红色调

深红色是在原有的大红色基础上降低了明度而来的。偏橙些的深红被称为枣红，偏紫些的深红称为酒红。深红色属于深色调，给人内敛、古典、沉稳、老练的感觉，很受中年人喜爱。深红色的服装，十分适宜于一些会议、社交、外出的场合，高雅中不失活力。深红可以和米色、浅黄等明度高的色调相搭配，对比效果能改变深红略显沉闷的感觉。（图5-41、图5-42）

图5-38 大红色调配色

图5-39 红白搭配最容易

图5-40 红黑搭配热情而神秘

图4-41 深红色调配色

图5-42 深红和明度高的色调相搭改变其略显沉闷的感觉

2. 蓝色系

蓝是一种微带冷意而又沉稳的颜色，它对于黄皮肤的人来讲，有一种特殊的衬托作用。藏蓝色服装，给人以庄重、威严感。水蓝或宝蓝色的服装，年轻人穿着犹如蓝色晴空，给人以明丽深邃之感。蓝色具有无限的包容性。蓝色系主要包括浅蓝色调、深蓝色调和蓝色调等。（图5-43）

宝蓝	天蓝	水蓝	藏蓝

靛蓝	淡蓝	海军蓝	石蓝

图5-43 蓝色系

1）浅蓝色调

浅蓝色调看起来具有清凉、柔弱、明亮、内向的感觉，如水蓝、天蓝。浅蓝色的职业装给人留下明朗、鲜活的印象。浅蓝色也常出现在婴儿衣物上，给人洁净之感。浅蓝色适合和白色、米色等浅色系相搭配，显现清纯的气质，适合阳光

图5-44 浅蓝色调配色

明媚的天气。而黑色则不适合和浅蓝色相配搭，有突兀之感。（图5-44~图5-46）

　　2）蓝色调

　　稳重、忠实、理性、冷静是蓝色调给人的印象，如宝蓝、湖蓝。因为和黄色皮肤能产生调和之美，所以很适合运用在服装上。蓝色可以和很多色彩相配搭产生不同的美感，和白色或浅灰色相搭配有稳重之感，和黄色或桃红色相配产生高调的美感，和金或银等金属色相配

图5-45 浅蓝色适合和浅色系相搭配

图5-46 浅蓝色常出现于婴儿衣物中

具有华丽感。（图5-47~图5-49）

　　3）深蓝色调

　　深蓝色包括藏蓝、普蓝等色彩，在制服上出现的频率最高，特别是男士西服。因为这种色调具有稳重、冷静与理性的感觉，最适合上班或出席公务活动时穿着的服装。深蓝色也很好搭配，由于常出现在制服中，所以也常使用同色系的浅蓝、粉蓝等色彩搭配出和谐的美感。（图5-50、图5-51）

　　3. 黄色系

　　黄色是一种不宜应用于给黄色人种单色穿着的服装。虽然黄色的高明度能产生亮丽、飘逸以及热烈感，但用于服装上时仍需谨慎。然而对于运动服来说，黄色则是很好的选择，它让人能直接感受到运动员的活力。黄色系主要包括淡黄色调、中黄色调和土黄色调等。（图5-52）

图5-47 蓝色调配色

图5-50 深蓝色调配色

图5-48 湖蓝色和深棕色搭配增强成熟感

图5-49 钻蓝和黄色、桃红色相配产生高调的美感

图5-51 深蓝色和同色系的其它蓝色搭配产生和谐美

图5-52 黄色系

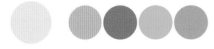

图5-53 浅黄色调配色

1）淡黄色调

淡黄色调是黄色加白的色彩，包括米色、浅黄色等。淡黄色调是沙滩和远景的山峦常见的色彩，这种色调既有自然感又富于时尚，是一种适合与多种色彩搭配的颜色。浅黄、米黄用在婴幼儿的服装上，会使孩子显得更加娇嫩。成人穿着淡黄色调的服装，要特别注意配件的色彩，配件以中明度的色彩最为理想，白色不太适合和其搭配，显得没有精神。（图5-53、图5-54）

图5-54 淡黄色调的服装配件色彩以中明度最为理想

2）中黄色调

中黄色调给人高贵、耀眼、成熟、明朗的感觉，适合运用在年轻人的休闲运动装上，中黄与黑或者与白搭配，均具有十分鲜明的美感，能产生明艳的视觉效果。（图5-55~图5-57）

3）土黄色调

土黄色是黄色加灰和赭石的色调，是十分含蓄的黄色系，东方人穿着土黄色的服装会显得比较含蓄，但由于和肤色太接近，可以适当加入其它明度较高的色彩与其配合。（图5-58~图5-59）

4. 橙色系

橙色系给人亲切、坦率、开朗、健康的气氛。介于橙色和粉红色之间的粉橘色，是浪漫中带着成

图5-58 土黄色调配色

图5-55 中黄色调配色

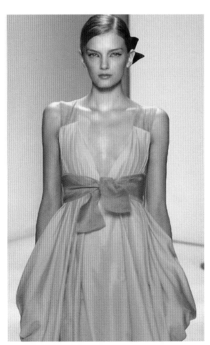

图5-56 中黄与白搭配产生明艳效果

图5-57 中黄与同色灰调相搭配含蓄高雅

图5-59 领口、袖口和下摆浅色的包边隔离了和肤色接近的土黄色

熟的色彩，让人感到安适、放心。橙色系适合制作运动装或是服务类行业的工作装。橙色系主要包括浅橙色调、鲜橙色调和暗橙色调等。（图5-60）

图5-63 鲜橙色调配色

图5-66 暗橙色调配色

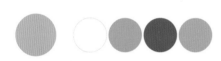

鲜橙	橘橙	朱橙	香吉士
茶色	浅橙色	沙棕	浅肉色

图5-60 橙色系

1）浅橙色调

　　浅橙色调是橙色中加入了较多的白色，给人甜腻腻的感觉，像是甜品的色彩。浅橙色适合与白色搭配，清新亮丽，具有阳光的味道。（图5-61、图5-62）。

2）鲜橙色调

　　鲜橙色调给人有温暖、精力充沛、热闹、积极、喜悦、年轻的感

图5-64 鲜橙色和蓝色的补色对比效果

图5-67 暗橙色的服装，看起来雅致内敛，凸显气质

图5-61 浅橙色调配色

图5-62 浅橙色适合与白色搭配，具有阳光的味道

图5-65 鲜橙色也适宜和白色搭配

觉，鲜橙色调的服装，不但具有亲和力，也能适度引起旁人的注意，是十分普及的色彩。鲜橙色调服装从儿童到中年阶段，均十分适合，是一种没有年龄限制的色彩。如果觉得鲜橙色过于抢眼可和灰色搭配，活泼中不失稳重。（图5-63~图5-65）

3）暗橙色调

　　暗橙色调是将橙加入赭石或褐色形成的色彩。暗橙色给人稳重、典雅、庄重、朴实的感觉，是男女均会使用的中性色彩。暗橙色是秋冬服装最常用的颜色之一，因为暗橙色的服装容易显现与季节相衬的效果，暗橙色的服装，看起来雅致内敛，凸显气质。（图5-66、图5-67）

5. 绿色系

绿色是一种生命的颜色。肤色较白的人，穿绿色服装，肤色会显得更加红润。单一绿色在服装中并不像黑、白、红、蓝色的使用频率高。单一绿色服装，除了纯色外，还可在明度上、纯度上寻求变化，以使单一绿色服装更显丰富。绿色系主要包括黄绿色调、草绿色调和暗绿色调等。（图5-68）

大绿	翠绿	橄榄绿	墨绿
海绿	鲜绿	浅绿	深绿

图5-68 绿色系

1）黄绿色调

黄绿色给人以新鲜、青涩的感觉，适合青少年服装。黄绿色调适合在外出、休闲或其他较为轻松的场合的服装。黄绿色调可以和墨绿调或者黄色调相搭配。（图5-69~图5-71）

2）草绿色调

草绿色调给人新鲜、安全、平实、活力的感觉。草绿色服装适合很多场合，有平和舒缓情绪的作用。草绿色可以和米色、深褐色、咖啡色搭配，有时也会使用大红色和其搭配，具有补色对比效果。如果加上白色，则形成西方传统的圣诞色彩。（图5-72~图5-74）

3）墨绿色调

墨绿色的服装具有成熟稳重的韵味，显出高雅的格调，是男性与女性都可以穿着的色彩。墨绿色调用于制作职业装，严肃中带着轻松的感觉，是常用的色彩。墨绿色适合和粉红色、浅紫色、杏黄色、暗紫红色和蓝绿色相搭配。（图5-75、图5-76）

图4-69 黄绿色调配色

图5-70 黄绿色调可以和黄色调相搭配

图5-71 黄绿色调和玫粉色的补色搭配

图5-72 草绿色调配色

图5-73 草绿色和白色相配风格纯净

图5-74 草绿色和红白相配形成圣诞色彩

图5-75 墨绿色调配色

图5-76 墨绿色可以和粉红色相搭配

6. 紫色系

紫色系是高贵、优雅、唯美、富有艺术气息的，但同时也是孤独、忧郁的……因为它是红与蓝的结合。红色的热情、奔放，蓝色的深沉、冷静，使得紫色是矛盾的、敏感的、不稳定的。生活中很多人喜欢紫色，但却不敢轻易穿紫色的服装，因为紫色和黄皮肤是对比色调，稍有不慎，就穿不出好的效果，因此需合理搭配。紫色系包括浅紫色调、红紫色调和蓝紫色调。(图5-77)

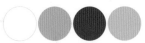

大紫	贵族紫	葡萄酒紫	深紫
紫罗兰	淡紫	兰花紫	深洋紫

图5-77 紫色系

1）浅紫色调

浅色调的紫色给人年轻、轻盈、浪漫、梦幻、纯净的色彩印象，是女性服装上常用的配色。浅紫色的衣服看起来十分优雅并具有罗曼蒂克的风韵。浅紫色适合和蓝色、白色粉紫色搭配。(图5-78、图5-79)

2）红紫色调

偏红的紫色则相对会有温暖感觉，给人热情、温暖的印象。它几乎是女性衣服的专用色彩。红紫色服装色彩感觉十分华丽、外向，是青春活力的代表色彩，所以适合年轻女性的服装。红紫色适合和蓝色、粉红、白色、黑色、墨绿色相搭配。(图5-80、图5-81)

3）蓝紫色调

在紫色中更偏蓝的就有冷色感觉，会给人安静、忧郁的色彩印象。蓝紫色调适合和白色相搭配，不但明度对比鲜明，而且会使穿着者显得精神饱满，十分适宜运动和休闲装的穿着。(图5-82、图5-83)

图5-78 浅紫色调配色

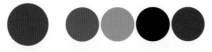

图5-80 红紫色调配色

图5-82 蓝紫色调配色

图5-79 浅紫色适合和白色搭配

图5-81 红紫色适合和蓝色、粉红搭配

图5-83 蓝紫色和白色搭配显得精神饱满

7. 白色系

白色象征纯洁、神圣、明快、清洁与和平，最能表现一个人高贵的气质。白色系包括米白色，象牙白、珍珠白等。白色是人们夏季服装的首选色，因为它给人以清洁、凉爽的感觉。白色系可与任何颜色搭配，但要搭配得巧妙，也有很多细节需要注意。

当上下装都为白色系时，一定要注意上下的白要协调，都偏米白或者都偏漂白。白色下装搭配淡蓝色上衣，是夏季着装的最适合组合；象牙白长裤与淡色休闲衫配穿，也是一种成功的组合；白色褶裙配淡粉红色毛衣，给人以温柔飘逸的感觉。红白搭配是大胆的结合。上身着白色休闲衫，下身穿红色窄裙，显得热情潇洒。

白色系服装搭配配件时，蓝色的装饰品有调和的平衡作用，可使穿着者显得年轻活泼。金属制的装饰品与白色服装搭配时，会显得高洁雅致。（图5-84）

白色服装如配白鞋时，可以戴白手套，不过包袋和其他配件应选择彩色的，如粉红、蓝、黑等色，大片的白色点缀上小点的有彩色配件，也很适宜。如果要配有色的鞋子，帽子与手套仍以白色为宜，而手提袋及装饰性的配件必须与鞋属同色系的，若是大型的手提包，还是以选择白色较为调和。（图5-85）

8. 灰色系

灰色是十分中性的一种色彩，男女老少都可适度穿着灰色系服装。灰色让人有沉默、中庸、朴实的感觉，是一种最能缓冲与调和的色彩。灰色的服装出席任何场合都很适宜，其温文的中性色彩能给接触者产生随和稳重的感受。当然，灰色一般不宜出现在庆典或者喜庆的场合，会显得过于暗淡。

图5-84 白色系服装配蓝色蝴蝶结腰带

图5-85 白色上装搭配驼色系下装和帽子，风格随意

图5-86 浅灰色搭配纯度较高的有彩色

图5-87 深灰色搭配明度较高的有彩色

灰色系的服装，一般没有季节的穿着限制，但是明度差可以稍作区分。一般春夏适合浅灰色，而秋冬则适合深灰色。男性西装使用深灰色比较普遍，灰色西装配白衬衫会比较柔和，此时，领带的色彩可以加以变化，会产生高雅、有品位的搭配效果。

浅灰色服装搭配配件最好选择明度高的白色或浅色调的配件，如白色皮包、白皮带。深灰色的服装则适合搭配深色系的配件，如黑色、褐色等。（图5-86、图5-87）

9. 黑色系

黑色系是服装配色中重要的角色。黑色具有高贵、沉着、深沉的性格，因此，黑色服装是西方上层人士的礼仪性服装。在社交场合，

图5-88 黑白红的搭配是配色中的经典　　　　图5-89 黑色搭配金色神秘华贵

图5-90 黑色和白色搭配是人们外出、商务常见的色彩

丝绸　　　　　　　　漆皮　　　　　　　　棉

黑色既能显现着装者的高雅，又能体现着装者的尊贵。黑色服装在市场上、在消费者心中，多以正面形象出现。尤其近十几年，黑色服装在市场上历久不衰。

　　黑色是个百搭百配的色彩，无论与什么色彩放在一起，都会别有一番风情。黑色和白色搭配是人们外出、商务常见的色彩。(图5-88~图5-90)

　　服装中的黑色由于面料选择的不同，其视觉显现也不同。这一点是设计师在进行服装色彩设计时应该考虑的。比如缎面的黑色服装看起来鲜活华贵；丝绒的黑色服装看起来细致多姿；而棉麻织品的黑色服装因吸收大量光线，看起来神秘冷静。(图5-91)

欧根纱　　　　　　金属亮片

图5-91 由于不同面料的黑色，其视觉显现也不同

第六章　服装色彩与图案造型

服装面料种类众多，色彩的搭配更是千变万化。服装上的图案本身就有其不同的意义，加上色彩的调节，除了能产生丰富的变化之外更能强化美感。本章即是对服装色彩与图案造型的关系作进一步探讨。

一、服装色彩与图案造型的关系

大体可以归结为统一、衬托、凸显三种关系。

1. 统一

统一指图案与服装色彩交融无间，彼此间保持统一以至同一的关系。在很大程度上，统一意味着面料图案的色彩就是服装的色彩，在这种色彩关系中，服装图案往往由面料图案转化而来。设计师通常根据现成的面料图案考虑服装的装饰，或根据一定的设计意图选择合适的面料图案。因此，面料图案色彩即服装色彩。（图6-1）

2. 衬托

衬托指在服装上相对由面料决定服装的色彩基调，无论与之保持调和的还是对比的关系，服装图案本身的色彩都处于认同地位，起陪衬、烘托的作用。这种情况下的服装图案色彩处理，需要考虑的是如何更加强调、突出服装的风格特点，又不逾越、破坏服装原有的色彩基调。一般来说，局部装饰、边缘装饰形式的色彩处理多侧重衬托，以使服装面料的色彩基调显得更加纯净鲜明，同时又不失服装整

图6-1 图案的色彩即服装的色彩

体色彩效果的丰富感。（图6-2）

3. 凸显

凸显指服装图案通过强调对比关系的色彩处理，从服装面料的色彩基调上跳跃、凸显出来。在这种情况下，服装图案往往具有相对独立的价值，服装反而在很大程度上起着载体的作用。在一些具有特征意义和特殊功能的服装上，在一些展示性服装以及时尚的文化衫上，服装图案的色彩如同其形象架构，以其强烈、显要、亮丽的视觉形式表现出图案色彩的优势地位。（图6-3）

二、具象图案的色彩感觉

所谓具象图案即指模拟客观物

图6-2 图案在服装色彩中起衬托作用

图6-3 服装图案的色彩以其强烈、亮丽的视觉形式表现出图案色彩的优势地位

象的图案。具象图案的传达、表征作用十分明了直接，是一种很容易让大众接受的形式，也是设计师形象地把握现实生活、直观地表达设

图6-4 传统花卉图案色彩较为写实

图6-5 童装中的花卉图案色彩鲜艳活泼

图6-6 女装中的花卉图案色彩清新雅致

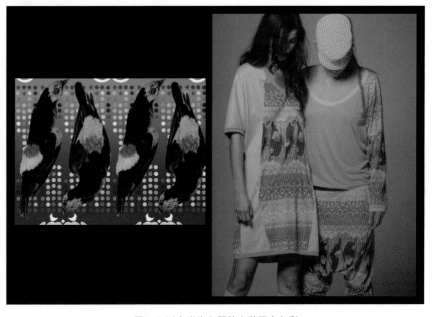

图6-7 以鸟类为主题的女装图案色彩

计意图的一种便利形式。具象图案的种类很多，一般包括花卉图案、动物图案、人物图案、风景图案等。相对而言，具象图案在童装、休闲装、青年装和女装中使用较多。具象图案的色彩多数以自然原来的色彩形式出现，有些也进行艺术加工，变化丰富。

1. 花卉图案色彩

在中国的传统文化中，花卉图案代表吉祥如意，物丰人和。比如牡丹代表花开富贵，菊花代表人寿年丰，玫瑰代表情投意合。中国人喜爱花卉图案，于是将许多花卉图案用不同的形式、形态点缀在我们的服装上。花卉图案色彩鲜艳、形态万千。用在童装中的花卉图案色彩可以选择对比色或者补色对比，体现孩子活泼可爱的个性。用在女装中的花卉图案，可选择粉色系、

柔和色系，凸显女性娇媚的气质。（图6-4~图6-6）

2. 动物、人物图案色彩

在服装中，动物、人物图案的应用虽然很常见，但不如花卉图案那样广泛，这是由动物、人物形象自身的特点所决定的。一般来说，动物、人物是以全身或头部的完整形象来表现的，而且具有明确的方向性。因为这些原因，动物和人物

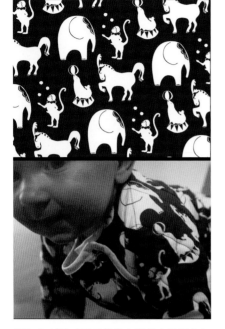

图6-8 以马戏团动物为主题的童装图案色彩

图6-9 运用在女装中的动物毛皮花纹图案色彩

图6-10 以冷暖对比色调为基调的风景图案服装

图案的色彩选择也有了一定的局限性，主要以物态原本的自然色彩为主。而一些动物毛皮花纹图案则可稍做色相上的变化，如斑马纹除黑色外也可出现褐色、灰色、蓝色甚至红色。（图6-9）

3. 风景图案色彩

风景图案涉及的内容极为广泛，有中国名山大川、江河湖海、亭台楼阁，也有世界各国的风情景物，这些都是风景图案取材的范围。风景图案色彩丰富，但一般都是运用实景色彩，如蓝天、白云、青山、绿水等，较少有色彩上的加工变化。（图6-10）

三、抽象图案的色彩感觉

抽象图案是相对于具象图案而言的，其特点是不直接模拟客观事物的形态，而以点、线、面、形、肌理、色彩等元素按照形式美的一般法则组成图案。抽象图案在服装中应用甚广，可以说在各种能够装饰图案的服装中都能见到，而且表现形式非常丰富，如圆点形图案、条纹形图案、格纹形图案及无序综

图6-11 用于儿童服饰的白底小型圆点

合图案等。

1. 圆点形图案色彩

在服装设计中，圆点形主要的呈现方式是印在面料上的波尔卡圆点，简称波点，这种图案在20世纪50年代十分受欢迎，而其中以黑底白点来做配色的图案是当时的首选。近年来的复古风潮使得圆点形图案再次成为时尚的焦点，但是色彩上却变化多样，底色和圆点同色

图6-12 经典的黑底白点图案

系或对比色系或补色系均可运用，但视觉效果却差别很大。

暖色调的圆点配浅色的底色，服装容易呈现膨胀的效果；纯度和明度高的圆点有前进感；如果圆点与底色明度差和纯度差接近，则给人含蓄内敛的感觉；圆点与底色是

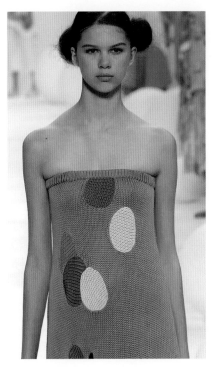

图6-13 圆点与底色是对比色对比,其视觉效果较为起伏

图6-14 纯度和明度高的圆点有前进感,使穿着者显得精神矍铄

图6-17 纵向冷条纹适合修正体型穿着

图6-15 冷暖色调对比的不均匀排列圆点图案风格活泼

图6-16 同色相不同明度组合圆点图案风格低调

图6-18 宽条纹服装图案色彩感强

同色对比或者类似对比,其视觉效果较为稳定;而圆点与底色是对比色或补色对比,其视觉效果较为起伏,甚至会产生错视的现象。(图6-11~图6-16)

2. 条纹图案色彩

条纹图案一直都是时装界的一个经典,是时尚圈中生命力最强的元素之一,以简单而个性鲜明的特征为人们所接受。清新的感觉在任何地方都是靓丽的风景线,特别是近年来的海军风格,更是将条纹图案推上时尚的浪尖。

人们对于条纹图案服装的最基本的认识是:上下条纹的服装适合身材矮胖者,横条纹的服装适合身材高瘦者。这其实是一个笼统的概念。条纹的明度、色相、纯度不同都会产生不同的视觉效果,因此,只有充分了解条纹的这些色彩特性才能设计出掩盖人体缺陷的服装。

细条纹小间距的服装容易产生混色效果,本身的图案感觉并不强烈,因此细条纹适合各种体型的服装;宽条纹大间距的服装,图案色彩感强,如明度纯度差大则更为明显,适合纠正体型缺陷的服装;暖色调的条纹有扩张感,无论横条还

图6-19 低纯度的斜向条纹具有韵律感

图6-20 不同粗细和方向的同色条纹

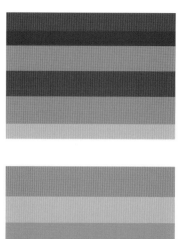

图6-21 玫紫色系宽条纹

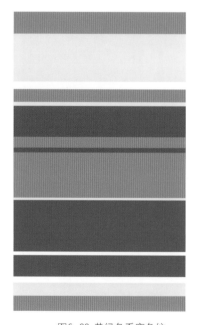

图6-22 黄绿色系宽条纹

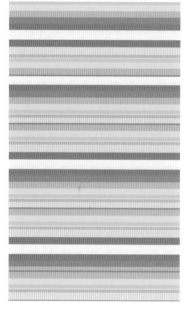

图6-23 细条纹小间距的服装容易产生混色效果，本身的图案感觉并不强烈，适合各种体型服装

图6-24 紫色系大格子端庄大方

是竖条，都不太适合胖体型服装；冷色条纹有收缩感，纵向冷条纹最适合修正体型服装；用类似色、对比色、补色及多色相的条纹互相间隔，色彩丰富性增强但延伸性减弱；条纹的明度、纯度、色相差别较小时，服装的整体感增强，颜色的延伸效果也减弱。(图6-17~图6-23)

3. 格纹形图案色彩

格纹形图案作为一种几何装饰图案在服装中的运用历史悠久，自人们学会纺织时，就懂得使用色织的方法织出各种各样的格子图案。随着纺织技术的革新和纺织工具的进步，格子图案从人们无意识地应用转变为有意识地设计，使用的频率越来越高、范围也越来越广，风格日趋多样化。

不同大小的格子展现出不同的风格：大方格子端庄得体；中格子

图5-25 男士休闲衬衫中常使用中间色系大格

斯文、娴静；小方格纤巧、细腻。要体现出格子的不同气质，色彩的选择是关键：深浅两色相配显得从容、理智，三色格子静中有动，多彩格则活跃开朗。对身材高瘦的体型来说，任何色彩和大小的格子都适合。对身材矮胖的体型来说，最好选择小的深色格子。要注意的是：套装中同时出现两件以上格子服装时，颜色和格子的大小一定要协调。通常情况下是一件格子服装配以其他单色服装，单色服装的色彩在格纹图案中有显现。（图6-24~图6-29）

4. 无序综合图案色彩

无序综合图案是一种非常自由的抽象类图案。其特点是，不仅图案形象本身看似信手拈来，而且在服装上的装饰部位也无任何法度和规律。它常常以随意的色彩、放任的线条、不和谐的分割似乎漫不经心

图6-26 传统苏格兰红绿黄白格子

图6-27 传统红蓝白格子

地装饰在服装上，有一种轻松、怪异、洒脱、别出心裁的意味。无序综合图案主要反映了人们不愿意受约束、追求自我宣泄、自我表现的心理需求。无序综合图案的装饰对象和适用场合比较有限，一般多装饰于青年人的便装，穿着于自由轻松的场合，也常见于表现创意的表演服装。无序图案的色彩也和图案本身一样变化多样，任意搭配，展现出自由浪漫的气息。（图6-30、图6-31）

四、服装色彩与图案错视

服装由于图案色彩的并置或图案纹样造型上的变化而产生的拉长、缩短、膨胀以及韵律的感觉称为服装图案色彩错视。

在选择图案纹样时，要运用视错原理。如：体型瘦小的女子，服装花型切勿太复杂，应多用简朴雅致的花纹，色彩也以浅暖色调为宜。有些比较复杂的小型图案、方格，都有掩饰体型的作用，其原理是把人们的注意力引到图案的造型和色彩中去，从而冲淡对其他部分的注意力。因而，在服装设计中，扣子、绣花、蝴蝶结、带子、别针、项链、围巾、帽子、手套等

图6-28 补色对比小格子形成空混效果

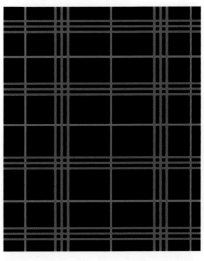

图6-29 黑金细线格具有高贵绅士的风格，适用于男装

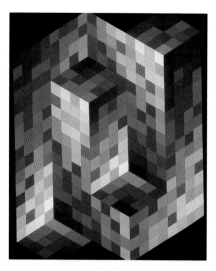

图6-32 欧普艺术家瓦沙雷利的作品展现图案错视的魅力

图6-30 无序图案以随意的色彩、放任的线条、不和谐的分割装饰在服装上

图6-31 无序综合图案主要反映了人们追求自我宣泄、自我表现的心理需求

这些附件饰品的使用都要充分利用错视原理，精心选择色彩，扩张重点，达到美化目的。

　　还有一种图案错视是由色彩并置引起，源于视觉的连续对比与同时对比的观点。明度高的颜色与明度低的颜色相邻，亮者更亮，暗者更暗；纯度低的颜色与纯度高的颜色并置，艳者更艳，灰者更灰；冷色与暖色并置，冷者更冷，暖者更暖；不同色相相邻时，都倾向于将对方推向自己的补色，如红黄相邻，红色显紫，黄色显绿；补色相邻时，由于对比作用强烈，各自都增加了补色光，色彩的纯度也同时增加，同时对比以相邻交界之处即边缘部分最为明显。(图6-32、图6-33)

图6-33 Alexander McQueen的2010年早春系列运用了图案错视原理

第七章　服装面料与色彩实现

一、面料质感与色彩搭配

服装色彩通过具体的面料呈现出来，面料的质地、肌理决定着款式和色彩的选用。同种色彩的丝、纱、麻、革等，给人的感受是不一样的(图7-1)。根据不同面料的质感选择与之相适合的色彩，才能更好地找到不同风格的款式设计。如丝绸要配以鲜艳的色彩，与本身光泽匹配，更好体现飘逸、华丽感；麻布配以纯度较低的色彩，与凹凸表面匹配，能更好体现粗犷、朴实感。表7-1列出了常用面料质感和色彩搭配。

在服装色彩设计中，工艺实现也是一个重要环节。设计伊始，在色的选择确定时，设计师便要考虑到工艺实现方式。一定的工艺实现方式直接关系到色彩风格形式的基本走向。(图7-2、图7-3)

工艺实现是指通过实际的工艺操作，在衣物上将色彩表现出来的方式。它要与材料相结合，技巧性很强，形式也十分丰富。了解和掌握各种工艺表现的特点与规律，有助于开拓设计者的设计思维，更好地驾驭装饰方法，从而加强服装色彩的艺术表现力和感染力。下面按服装色彩的表现工艺分类加以叙述。

二、印花工艺

印花是用染料或颜料在纺织物上施印具有一定染色牢度的花纹的工艺过程。印花有织物印花、纤维条印花和纱线印花之分，而以织物印花为主。毛条印花用于制作混色花呢；纱线印花用于织造特种风格的彩色花纹织物。

印花织物是富有艺术性的产

表7-1　常用面料质感和色彩搭配

材质	面料	质感	色彩
丝绸	双绉、真丝电力纺、碧绉、香岛绉	柔软、轻薄、滑爽	柔和色、明亮色
	山东绸、柞丝绸	硬挺，有弹性	鲜艳的高纯度色
	双宫绸、疙瘩绸、棉绸	粗糙、粗犷	明亮色
绢纱	乔其纱、东风纱、绢丝纺、雪纺薄绉纱	轻薄、透明、飘逸	浅淡色、明亮色
缎子	软缎、绉缎	平滑、明亮、有光泽	采用传统色、高纯度色
	织锦缎、古香缎、九霞缎	图案优先、色彩绚丽	
棉布	细布、府绸	洁净、柔软	宜用高明度粉彩色
	巴厘纱、麻纱、牛津布	轻薄、柔软、透气	
	粗斜纹布、劳动布、帆布	结实、粗犷、厚实	磨光色、低亮度色
麻	夏布、苎麻布、亚麻细布	舒适、透气、细净平整	
毛呢	派力司、凡立丁、毛哔叽、毛华达呢、板斯呢、法兰绒	柔软、滑爽有弹性、高雅含蓄	调和色、柔和感的色系
	粗花呢、麦尔登、拷花大衣呢	粗厚、膨胀、柔和	
裘皮	黑紫貂皮、水獭皮、狐狸皮	光滑柔软、蓬松厚实	高明度、高纯度或暗色调
皮革	羊皮革	轻薄、细致、光泽、弹性强、柔韧	
	牛皮革	坚实、有弹性、欠柔性	
	人造革、合成革	柔软、防水、不透气	
绒布	平绒	丰满、柔润、厚实、光泽柔和、富有弹性	宜选用鲜色调
	乔其绒、丝绒	丰满、柔润、富丽	
	灯芯绒	绒条圆润、绒毛厚实	
	长毛绒、驼绒	质地柔软、厚实	

图7-1 同样的蓝色在丝绒、皮草、棉纱中色彩有很大差别

图7-2 设计师在翻开丝网印板看样料

图7-3 在生产大货之前设计师在检查样料中的瑕疵

品，根据设计的花纹色彩特点选用相应的印花工艺。常用的机器印花有直接印花、防染印花、拔染印花和转移印花四种，新型的机器印花工艺有数码印花等，还有其他一些传统手工印染工艺。

1. 直接印花

直接印花是在白色或浅色织物上先直接印以染料或颜料，再经过蒸化等后处理获得花纹，工艺流程简短，应用最广。这种表现方式表现力很强，在服装中应用极为普通。其中，辊筒、圆网彩印适合表现色彩丰富、纹样细致、层次多变、循环规律的图案；丝网版印适合表现纹样整块、色彩套数较少、用作局部装饰的图案。（图7-4）

2. 拔染印花

拔染印花实际上是利用退色原理显花。是在染色织物上印以消去染色染料的物质，在染色织物上获得花纹的印花工艺。它的特点是织物两面都有花纹，正面清晰细致，背面模糊质感。拔染印花较易控制掌握，故纹样组织可以处理得比较精细，甚至可以拔完后再进行点染，以求丰富。拔染印花多用

图7-4 直接印花表现力很强，在服装中应用极为普遍

图7-5 拔染印花设备

图7-6 拔染印花较易控制掌握，故纹样组织可以处理得比较精细

图7-7 通过蒸洗过程拔染印花的色料才能在面料上持久

图7-8 将水钻、亮片等特殊装饰材料通过一定的工艺手段转移压印在服装上，形成亮丽、华贵的装饰

于高档服装及头巾、领带等面抖。（图7-5~图7-7）

3. 防染印花

防染印花在织物上预先印上能够防止地色染料上染的防染剂，以防止花纹上染的一种印花工艺。但有时也可以先轧染烘干后，趁地色未完全发色前，就印上防染剂，用以抑制或破坏地色染料的发色，同样可以达到防染的目的。此种印花工艺与拔染印花工艺相比，成本低，瑕疵少而且容易发现。缺点是花纹轮廓不如拔染印花清晰，某些酸性防染剂易使织物脆化。

4. 转移印花

转移印花是先将染料印制在纸面上，制成有花纹图案的转印纸，再将转印纸放在服装需装饰的部位，经加热、压紧，在高温和压力的作用下，将印花图案转印在服装上。另外，还有许多新的工艺，如将水钻、亮片等特殊装饰材料通过一定的工艺手段转移压印在服装上，形成亮丽、华贵的装饰(图7-8)。转移印花印后不必再经洗涤等后处理，工艺简单，花纹细致，形象逼真。

5. 数码印花

数码印花技术是随着计算机技术不断发展而逐渐形成的一种集机械、计算机及电子信息技术为一体的高新技术产品。它最早出现于20世纪90年代中期，随着这项技术的不断完善，给纺织印染行业带来了一个全新的概念。数码印花技术印制的图案细腻，过渡均匀，并能表现出几千万种颜色，使得设计师设计的色彩能够最大程度地实现，改

图7-9 数码印花设备的工作原理类似喷墨打印机

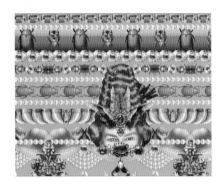

图7-10 数码印花使得设计师设计的色彩能够最大程度的实现

图7-11 印花用的镂空花版是用桑皮纸涂以柿漆裱成，经过精心的纹理设计

变了传统印花套色的缺陷，让一切色彩皆有可能。

简而言之，数码印花是将纹样图案通过数字形式输入到计算机，通过计算机印花分色描稿系统编辑处理，再由计算机控制微压电式喷墨嘴把专用染液直接喷射到纺织品上，形成所需图案。整个原理和喷墨打印机类似。（图7-9～图7-10）

6. 手工印染

我国古代将手工印染统称为染缬。手工印染有悠久的历史：远古时代就有用矿物染料在织物上进行简单的染色与着色；秦汉时期有凸纹和镂空纹型版印花工艺、印花敷彩工艺；南北朝有蜡缬工艺；六朝时期有绞缬工艺；隋代有夹缬工艺；到了唐代，形成了较为完整的染缬工艺体系。千百年来，有些工艺已失传，有些则流传至今，并在日常生活中被普遍地运用。

1）靛蓝印花

靛蓝印花俗称"药斑布"，又称蓝印花布。它的染色方法是将刻好的镂空花版铺在白布上，将以豆面和石灰制成的防染剂通过镂空花版的漏孔刮印在土布上起防染作用，然后进行染色，最后除去防染剂形成花纹，由于镂空花版制作的限制，蓝印花布的图案形象多以点来表现，并与不同形状的大小块面、长短细线相间相生。其组合既有规律又有变化，层次丰富，这也形成它独有的特色。蓝印花布的染剂通常是蓝靛，也有深蓝和淡蓝两色，在一些地区也出现过红色，甚至多色。（图7-11～图7-13）

2）扎染

扎染古代称扎缬、绞缬，是我国传统防染染色工艺之一。它是通过针缝或捆扎布料来达到防染目的。将按照设计意图缝制、捆扎好的布料投入染液中加热，然后取出布料，拆掉绳线，即可显现出图案花纹。由于染液的渗透性、缝制与捆扎的松紧密度有差异，使得扎染图案显得虚幻朦胧，变幻莫测，其天成的效果不可复制。扎染图案的最大特点在于水色的推晕，所以，设计时应着意体现出捆扎斑纹的自然意趣和水色朦胧的自然效果。扎染可以进行多色印染，因此色彩较为丰富。（图7-14～图7-15）

3）蜡染

蜡染因用蜡作为防染剂而得名，也是我国古老的传统染色方法之一。蜡染是用石蜡、蜂蜡、松香等作为防染材料，在棉布、丝绸等织物上需显现花纹的部位进行涂

图7-12 经染印的蓝印花布挂在高高的竹架上晒干

图7-13 蓝印花纹样

图7-14 扎染是通过针缝或捆扎布料来达到防染目的

绘，再进行浸染或刷染，使织物无蜡部位染成颜色，然后在沸水或特定溶剂中除去蜡渍，使织物显出花纹。蜡染在染色过程中，由于涂蜡部位会产生自然的裂纹，染液渗入后会形成独特的冰裂纹效果。传统蜡染染料主要是蓝靛，因此大部分蜡染成品都是蓝靛色的。(图7-16)

4）泼染

泼染是近年较为流行的着色方法之一。其制作方法是用酸性染料在丝绸面料上随意泼色或刷色，然后趁其未干时向布面上撒盐，借助盐和酸性染料的中和作用，在丝绸上形成自然流动的抽象纹样，这种纹样具有自然的色晕和朦胧美感。

此种染色法，主要用于丝绸服装面料。(图7-17)

5）手绘

手绘，是指运用毛笔等工具和相应的染料、涂料及辅助材料、以手绘的方式在织物或成衣上画上图案的一种艺术形式。绘者在正确运用各种材料的前提下，可以不受图案套色与印版的限制，能自由地表现创作的意图。织物经高温蒸化固

图7-15 扎染图案的最大特点在于水色的推晕

图7-16 传统蜡染图案

色后，使绘制的色彩更加艳丽，并保持柔软的织物手感，具有色彩丰富、自然的艺术特色，并且可以较好地表现绘者的个人风格，体现了服装面料个性化的追求。（图7-18~图7-20）

三、织花工艺

织花艺术设计，是以经、纬线的浮沉来表现各种装饰形象，且以纤维的性能、纱线的形态、织物的组织变化显示各种材科的质地、光泽、纹理等效果的服装面料设计方法。

作为服装面料之本的织花设计，是除面料印染设计之外的又一主要设计方式，它或单独或结合各种印染等工艺呈现意趣盎然的外观效果。

从工艺角度而言，织花组织形式中的三原组织——平纹、斜纹、缎纹以不同交织规律及表现形式左右着织物最终的软硬、疏密、松紧、厚薄等品貌个性。通常，平纹组织均匀整洁，质地紧密服帖；斜纹组织秩序感强，悬垂性好，耐磨易洗；缎纹组织匀洁柔软，爽滑厚实。由于这些不同的组织织物的特性不同，色彩表现形式也有不同的特点。

1. 三原组织色彩特点
1）平纹组织色彩特点

平纹组织是一种最简单的织物组织形式，由两根经纱和两相纬纱一上一下相互交织组成一个单位组织循环。（图7-22）

图7-17 泼染花纹

图7-18 手绘图案

图7-19 手绘服饰具有色彩丰富、自然的艺术特色

图7-20 手绘可以较好地表现绘者的个人风格，体现了服饰面料个性化的追求

图7-21 手工织花

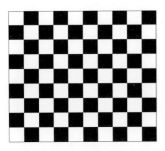

图7-22 平纹原组织

图7-23 平纹面料

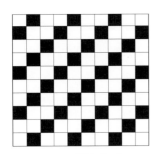

图7-24 斜纹原组织

图7-25 斜纹印花面料

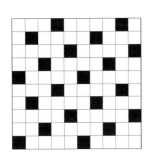

图7-26 缎纹原组织

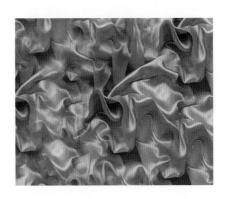

图7-27 缎纹面料

在设计平纹组织织物的色彩过程中，可充分利用交织点多、颗粒感强的特点，用少套色经交织而呈现多种色彩的变化，其色彩的空间混和效果也体现得最为充分。例如，经纱选用由暖(或冷)色调渐变至冷(或暖)色调、纬纱采用与经纱色调相同变化的纬纱，并用平纹组织交织，最终呈现出冷暖色调交替变化、绚丽多彩的外观效果。(图7-23)

2）斜纹组织色彩特点

这种组织形式至少需要三根经、纬线方可构成一个组织循环。它的特征是在织物表面呈现由经(纬)浮点组成的斜向纹路。(图7-24)

在设计斜纹组织织物的色彩过程中，由于其是以线或点与线来构成装饰形象的且变化方法很多，因此需注意斜纹线的疏密、粗细、曲直、方向等，再有色经、色纬的巧妙搭配，即可得到一幅变幻无穷、色彩缤纷的画面。(图7-25)

3）缎纹组织色彩特点

在织物中，一组纱线的各个单独浮点间的距离较远，织物表面被另一组纱线的较长浮线所覆盖，这便是缎纹组织的特点。(图7-26)

在设计锻纹组织织物的色彩过程中，要区别于以点构成形象的平纹组织和以线构成形象的斜纹组织，它是由面来构成各种装饰形象的。其中，纬面缎纹组织是以色彩不同的纬纱按缎纹组织交出不同的面的构成。这在织花设计中较为常用，因为经纱几乎被纬浮长线完全盖住，体现不出其色彩的变化。故设计者在穿纬纱时，可随心所欲地变换纬纱颜色以达到预期的设计意图。经面缎纹组织的表面是以经纱的色彩倾向为主调，故在穿好经纱后，无论纬纱怎样变换色彩，对织物的表面效果改观不大，这便是设计中很少采用经面缎纹组织的原因。(图7-27)

2. 织花色彩设计

织物的色彩是通过经纬色线的配置和织纹组织的变化展现出来的。对最终视觉效果起决定作用的是色彩的空间混合效应。这种空间混合效应是织物在可见光照射下，反射、吸收所呈现的经纬浮沉点色彩在人们视觉中的混合感受。其原理基本属于色彩学的中性混合范畴，但又不尽相同。因为织物的混色效应与织物的花型、色线配置、组织结构等密切相关。

在织花色彩设计中，经、纬线的色彩配置除要按照平衡、节奏、渐变、调和等配置法则以外，还需根据不同的材料、织物组织特征等来进行设计。

1）素色织物的色彩设计

所谓素色织物是指织物表面呈现单一的色相，其色彩是单纯的，不涉及色与色之间的对比及调和问题、明度、纯度可高可低。在织花设计中，色织物的织纹可力求丰富的变化，充分显现其变幻无穷的肌理效果，如凹凸、疏密、粗细等。如图7-28所示。

2）混色织物的色彩设计

所谓混色织物是指两种或两种以上不同颜色的纤维经混合、梳理、纺纱工艺流程而制成的织品，其表面是不同色相搭配于一起的混合效果。混色原则包括：同类色混合、邻近色混合、对比色混合、黑白色混合。以上四种混合法，随着混合色的色度变化可得到不同效果，随着两种或两种以上混合成分的比重不同而产生不同的交织色相，使其显示出多姿多彩的色幻效果。在混色织物的织花设计中，织纹的变化应视混色数目的多与少而定。色彩相对单纯的，如同类色混合，组织变化可丰富多样，而对比色混合的，组织变化则以简单为宜。如图7-29所示。

3）交织织物的色彩设计

所谓交织织物是指用两种或两种以上不同色彩的纱线织成的织物，从外观上来看，可分为提花和条格两种。其中，提花织物的色彩安排与混色织物的色彩配置大体相同，均属于色彩的空间混合。但这种织物所呈现的花纹状态，无论是同色经纬交织，还是不同色经纬交织，均应注意同类色的对照关系并按照对比色的统一法则处理（图7-30、图7-31）。条格交织织物的色彩配置既要强调多样的变化，又要有统一的色调；既要注重色与色的比重，又要注意色彩明暗、深浅的比例，更要注意块面大小的比重。

四、绣花工艺

绣花是在已加工好的各种织物

图7-28 素色织物的色彩设计注重织纹肌理的变化

图7-29 混色针织物

布料上，以针引线，按照设计要求进行穿刺，通过运针绣线，对服装面料进行装饰、美化和再加工的一种工艺。

绣花在中国是一种较为普及的民间工艺，有着悠久的历史。直到目前仍是服装面料装饰的重要方式之一，被普遍运用于各类服装和服饰品上。随着时代的发展，绣花在材料、工具、加工技术方面得到不断的提高，新的方法也层出不穷，绣花作品的视觉形式更加多样化。

图7-30 类似色对比的提花面料

从绣花的加工工艺可分为刺绣、补花、卷秀等。不同的绣花工艺对色彩的表现力也不同。

1. 绣花的类别

1）刺绣

用各种颜色的彩线根据需要在不同服装上刺绣各类图案。通常用丝线、丝光棉线，也可用自己染制的彩色线。常见的有平绣、网绣、刀绣、影绣、珠绣、盘绣、挑花、抽丝等手绣工艺及现代的机绣、电脑绣等等。刺绣图案的形象精巧秀

图7-31 对比色对比的提花面料

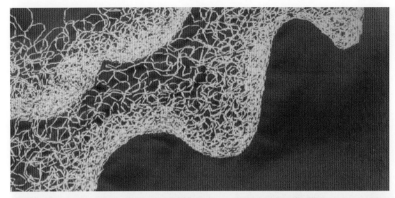

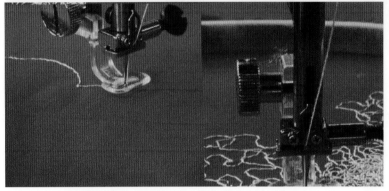

图7-32 机绣花纹

丽、色彩华美、形式多样，可使服装具有高贵典雅、雍容富丽的装饰效果。（图6-33~图6-35）

2）补花

补花这种装饰手段是将一定面积的材料剪成图案形象附着在衣物上，通过缝缀来固定。它适合于表现面积稍大、形象较为整体、简洁的图案，而且尽量在面料的色彩、质感肌理、装饰纹样上与衣物形成对比，在其边缘还可作团齐或拉毛处理。另外，补花还可在针脚的变换、线的颜色和粗细选择上作文章，以增强其装饰感。（图7-35）

3）卷绣

卷绣是在民间广泛流传的一种绣花方式。它主要用于服装配件，如鞋、包等。其绣出的图案艳丽，富有立体感。工艺精美，针法细腻。用两根针，引线两条，一根针从布的下面朝上穿出，先不拔针，用另一根针的线绕一圈之后把第一根针拔出的同时捋住绕好的线压缝，以此类推。缝制过程非常慢，需要耐心和细致。

2. 绣花色彩设计

绣花色彩在服装中的运用，是利用色彩秩序辩证统一的协调作用，使服装产生一定的特殊效果以达到人们喜欢的目的。绣花色彩不仅要考虑到整个系列色彩在服装中的对比、呼应、协调性，而且还要用夸张、强烈、突出的表现方法，使各自艺术风格互相接近、表现出绣花工艺的特殊风采和渲染融合气氛。这就是需要在设计色彩的运用中，利用人的视觉因素，在服装的重要视觉部位处，从心理上起到诱导人的感觉。

绣花色彩设计是改变服装的整体效果、形态与面料肌理组合表现的一种视觉上的差异作用，把具

图7-34 童装中的刺绣色彩

图7-33 刺绣图案的形象精巧秀丽、色彩华美、形式多样

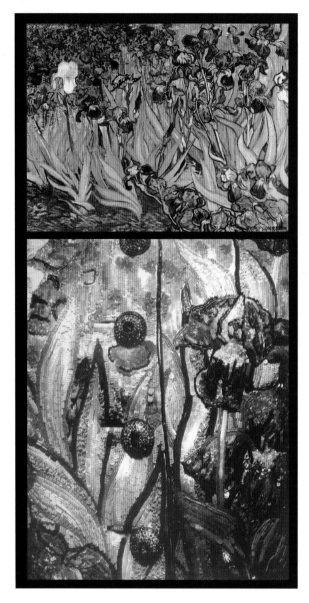

图7-36 童装中常使用补花的装饰手

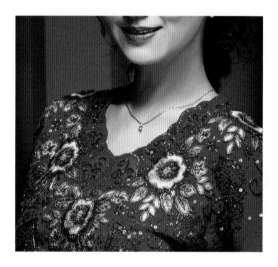

图7-35 以凡高的鸢尾花为素材的珠片刺绣图案

图7-37 绣花色彩设计需注意图案色彩的构成与服装色彩的协调

体、抽象的表现方法，运用到具体的物质结构中去，通过对人体的重要部位的分割、组合、积聚、排列等恰当组合装饰，形成各种不同气氛的结构造型。在纹样的结构上，则利用色彩原理和点、线、面针法的结合，使服装的形态既符合人体结构的活动规律，又表现出完美的服饰形象。

由于绣花工艺在服装中是起相互之间协调、渲染、增辉的表现作用，所以图案色彩在不同的程度上受到影响和制约，图案色彩的构成与服装色彩的协调就要考虑到设色在整个空间中给人的视觉作用。如白布白线绣花，凸起而有自然阴影，平时则忽闪忽现，有如浮雕般的强烈美感使人觉得清新。（图7-37）

总之，色彩的基础运用理论在理解上是比较容易的，但在实际处理色彩之间的协调感时，需要反复比较、思索、领会，才能逐步提高和掌握印花、织花以及绣花的色彩设计方法。

第八章　流行色与服装色彩

一、流行色的概念与特点

　　流行色（Fashion Color），意为时髦的、时尚的色彩，是指在一定的时期和地区内被大多数人所喜爱或采纳的几种或几组色彩，亦即合乎时尚的颜色(图8-1)。它是一定时期、一定社会的政治、经济、文化、环境和人们心理活动等因素的综合产物。它的演变大约为5~7年，可分为始发期、上升期、高潮期和消退期四个时期，其中，高潮期称为黄金销售期，一般为1~2年。流行色具有新颖、时髦、变化快、敏感性强的特点，对消费市场起一定的主导作用。

　　由于流行色迎合了消费者审美心理的需要，因此，流行色对消费市场的影响很大。服装流行色亦是如此。在国际服装市场上，特别是欧美、日本、中国香港与澳门等一些经济发达、消费水平很高的国家和地区，流行色的作用更加显著。日本流行色协会认为：企业要连续高速发展，始终立于不败之地，就必须抓住流行色的运用，在纺织品上流行色等于金钱。它对商品的生产、销售和消费起着重大的指导和引导作用。可以看出，对于流行色的把握在当今的商品和信息社会中是十分重要的。

二、流行色机构

　　为了确保商品的推销，世界上许多国家都相继成立了权威性的色彩研究机构，来担负流行色科学的研究工作。如：伦敦的英国色彩评

图8-1 不同品牌对流行色的诠释

议会、纽约的美国纺织品色彩协会、美国色彩研究所、巴黎的法国色彩协会及东京的日本流行色协会以及国际棉花协会、国际羊毛局等。1963年由法国、联邦德国和日本共同发起，在巴黎成立了"国际流行色委员会"。中国流行色协会成立于1982年，1983年代表中国加入国际流行色委员会。协会定位是中国色彩事业建设的主要力量和时尚前沿指导机构，业务主旨为时尚、设计、色彩。目前总部设在北京。

　　国际流行色协会担负着国际流行色的预测、确定和应用指导的任务。协会每年举行两次会议，第一次在2月份，第二次在7月份，会议主要任务是根据与会国的色彩提案，经色彩专家共同研究、预测，确定今后18个月的春夏季和秋冬季国际流行色谱。各国根据国际流行色协会发布的流行色谱，再结合本国的国情、商情等实际情况，修订发布本国的流行色谱。有些国家和地区的色彩研究机构、时装研究机构以及染化料厂商还联合起来，发布带有地区性的流行色谱。流行色谱的发布具有很大的权威性，染

化料厂商根据流行色谱组织染化料生产销售，时装设计师根据流行色设计时装配色。流行色一经发布就由新闻媒体广泛宣传推广，以很快的速度波及人们生活中的衣、食、住、行等各个领域。（图8-2）

三、色彩流行的形式与特点

色彩流行的形式包括自上而下、自下而上、平行移动等形式。自上而下是指流行由上层社会引起潮流，逐渐影响到平民阶层，并且广为流行。自下而上是指色彩流行由中下阶层开始，然后被上层社会所接受。平行移动是指服装色彩在信息及媒体的传播引导下，在一定时期内，被大众所接受。平行移动的流行最大众化，也最容易失去流行效应。

色彩的流行还表现出循环性的特点。循环性是指色彩在流行的过程中呈现的循环往复的周期性特点。例如，色彩的流行从暖色调至中性色调至冷色调，然后再从冷色调至中性色调至暖色调，色彩是在不断地循环中被人们所接受。色彩流行的长短同当时的社会因素和人的心理因素有直接的关系，政治环境稳定，经济、科技、文化、信息发达时期，流行周期就短。相反，比较闭塞的地域，流行周期就比较长。如图8-3所示。

四、流行色卡的应用

1. 流行色卡应用的特性

流行色卡的应用是一个敏感而实际的问题。说它敏感，是因为流行色卡的应用对产品生产厂家来说是商业机密，应用得好，意味着产品的销售好，就能带来丰厚的经济效益。所以，许多生产厂家在产品上市前，产品色彩的运用属于高度机密，绝不允许任何人以任何形式泄漏。说它实际，则是因为色卡不

图8-2 国内某流行色研究机构做出的流行色主题预测

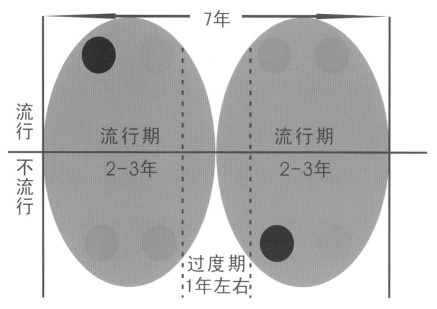

图8-3 流行色的循环性

是产品，它只有转化为产品才能指导市场的季节性，才能给生产者带来经济效益。因此，色卡如何转化为产品，是一个非常实际的问题。掌握了色卡向产品的转换方法，也就掌握了流行色流行的关键。

2. 流行色卡应用的方法

新一季的流行色，是以前一季最受欢迎的流行色为基础色的，新的流行色的产生是在原流行色的基础上加入新的刺激和魅力。所以这种含有新刺激感的色彩，注定成为新一季流行色中的主色。因此，如何应用这些主色，是众多生产厂家

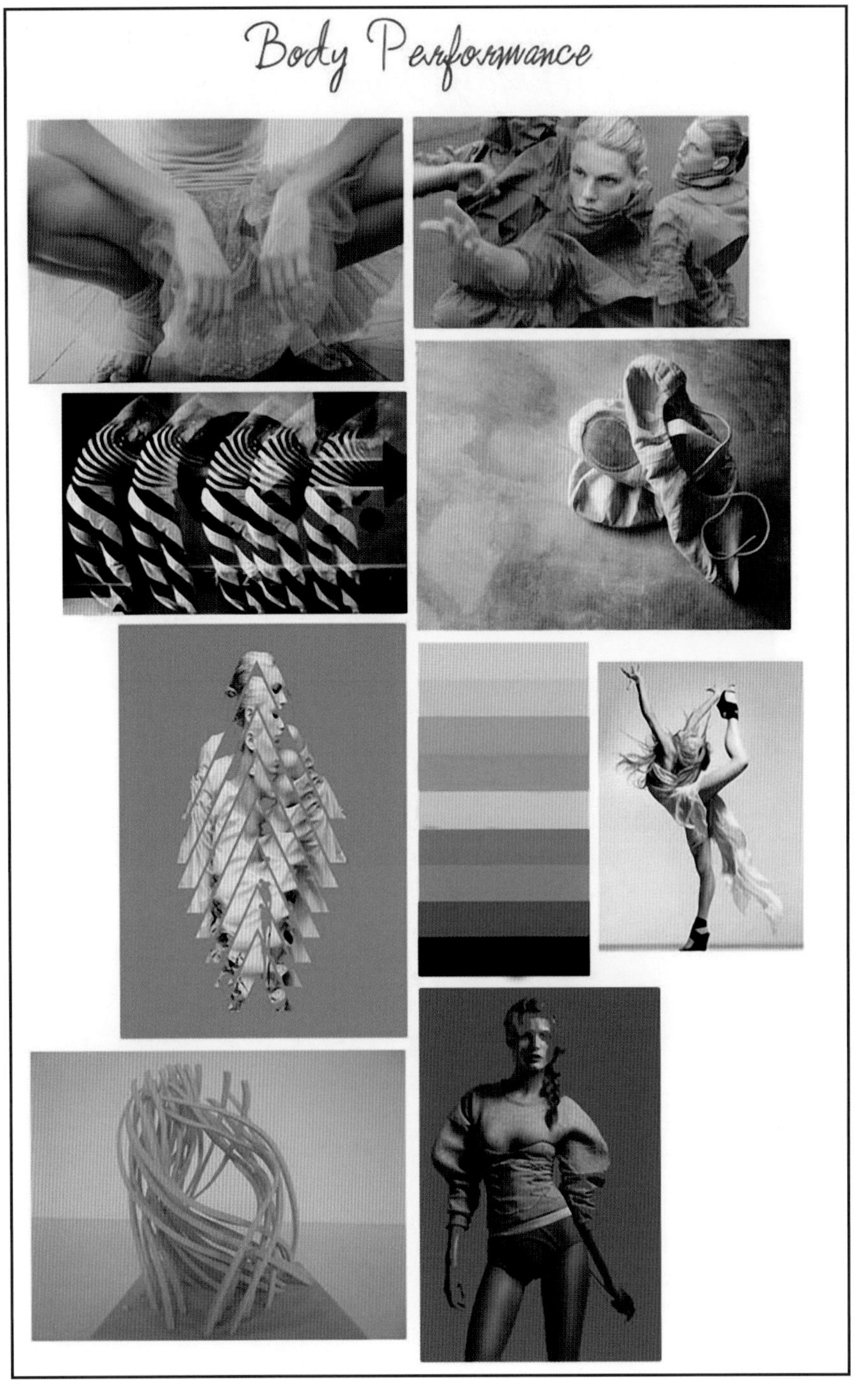

图8-4 肢体延展色彩氛围板

纯度较高的颜色。这组颜色，基本上不作主色。在春夏季，这组颜色除作点缀色之外，还是一些特定场合的衣着用色，如沙滩服、泳装等。

　　流行色的应用，对于应季产品的生产者来说，蕴含着极大的商机，因此，找准每一季流行色主色很重要。除了主色之外，再加上四组色卡的衍生色，应季的色彩会非常丰富。由于在流行色选定中，考虑了社会人群对色彩爱好的差异，从而照顾了不同体形、不同爱好、不同趣向及素养，甚至不同的人格等方面的人群。因此，流行色推定的色组的覆盖面不能太窄，只有较宽的幅度，才能涵盖一定的社会面。

五、2010~2011年流行色分析

1. 2010年秋冬流行色组合趋势

　　在丹麦哥本哈根国际纺织博览会（CIFF）中，将2010/2011年秋冬流行趋势聚焦于肢体延展、英式复古、乡村工业和暗夜诗歌四大主题，分别以芭蕾舞者、装饰主义、工业绿锈和补钉时尚进行诠释。

1）肢体延展

　　肢体延展主题以芭蕾舞者为概念，各种肤色色系成为主要的基本色调，再延伸出泥粉蜡笔色、带淡紫色系、微亮珊瑚色，或黑白对比配上重橘色、灰色和棕蜜色。（图8-4）

　　2010年秋冬的Balenciaga女装系列主题是废物利用，色彩的选择可以说是非常的清新，主体色调多使用粉蜡色、浅灰色等肤色系色彩，同时加入一些橘色或者蓝灰色作为对比，黑灰色在服装中极少量的使用，起强调作用。（图8-5）

所关注的。流行色卡的应用可参照以下方法：

　　将新一季流行色组与上一季流行色组两两相对照比较，找出其变化走向（冷暖、明暗、深浅），并找出其中最具新鲜感的色彩。然后将这些色彩挑出，再将这些色彩在色立体中依色相环顺时针方向进行不大于45°的同明度推移，就可

得出富有变化的新一季的丰富的色彩。这样得出的色彩应用于服饰品中，在搭配时很容易获得调和。

　　对于与上季流行色虽然不同，但其变化未超过色相环20°明度推移的色彩，不必作出大幅度的推移，只需它们与最具新鲜感色彩搭配就可以。

　　每季流行色卡中，一般有一组

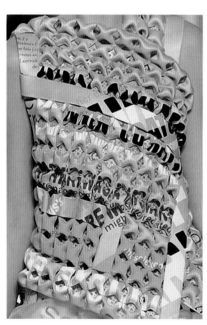

图8-5 2010年秋冬的Balenciaga女装

Frady Twist

图8-6 英式复古色彩氛围板

2）英式复古

浓厚装饰味道的英式复古主题，着重营造奢华感。基底色彩以红和青铜搭配墨灰色为主，但进一步搭配柔和的微亮驼色、带绿蓝色、褐灰色、葡萄酒色，或英式蛋糕般的粉红蛋糕色、橘子果酱色、饱满大茴香色、蓝莓牛奶色，或如丝绒带锈色的紫罗兰、砖红色、赭色、普鲁士褪色蓝等。（图8-6）

虽然2010年秋冬Pucci的成衣秀是以波西米亚风作为主题，流苏、铆钉随处可见，但在色彩的使用上却表现出英式复古的风貌。沉着的砖红色、蓝莓色、深绿、紫罗兰等宝石色调加上烟熏鸦片色彩，拼凑出迭进的层次效果。（图8-7）

3）乡村工业

郊区的工业废合金和绿锈启发了乡村工业风格的设计。色彩以两种产业色调——灰和带粉红的水泥色为基底，搭配各种绿或秋天红色加上不同深浅的葡萄色，或以中性色混入墨蓝、铁灰、褐灰棕色、带

图8-7 2010年秋冬Pucci女装

图8-8 乡村工业色彩氛围板

绿米色、暗青铜色、带蓝绿的蓝和紫罗兰色。(图8-8)

以色彩设计擅长的意大利时装品牌Marni的2010年秋冬也没有让人们失望，设计师Castiglioni对色彩的出色演绎是这系列的一大看点，类似水泥色的粉灰色、土黄色、暗粉色、深灰色、墨蓝色的搭配非常特别，表现出乡村工业风格。(图8-9)

4）暗夜诗歌

暗夜诗歌主题的基底色保持在深蓝近黑的昏暗调性，再搭配深蓝、石板灰、墨蓝、深紫、亮石榴色、亮粉红、迷幻蓝、红铜、金色、夜蓝、冷棕色、塞普勒斯绿到灰帕尔玛色和无光泽红等暗夜色彩。(图8-10)

图8-9 2010秋冬Marni女装

图8-10 暗夜诗歌色彩氛围板

2010年秋冬的Issey Miyake主题色彩是非常鲜艳的，这里选择了其中色调较为暗沉的两款服装，深土红色和近似于黑色的深蓝色表现了黑夜的色彩，而穿插在服装中的红铜、深紫以及石板灰色给暗夜带来了诗情画意。（图8-11）

2. 2010年秋冬女装秀场关键色分析

1）红色

红色是女装2010年秋冬季里最大的时尚色调，它有着各种不同的表现，例如西红柿红色、唇膏红色以及樱桃红色等。它多和黑色、粉红、金色、白色等色彩搭配。（图8-12）

2）孔雀蓝

在2010年秋冬的各大时装周里，一个很大的时尚流行色亮点就是孔雀蓝色，既有饱满的偏蓝色调，也有偏绿的色调。它多和褐色、土红、黑色、绿色相搭配。（图8-13）

图8-11 2010年秋冬Issey Miyake女装

3）铁蓝色

铁蓝色是2010年秋冬女装发布会里跳入人们眼帘的又一时尚色调，同时具有偏蓝和偏紫两种色调。它多和浅米黄、墨兰、深咖啡等颜色搭配。(图8-14)

4）驼色

驼色从2009年秋冬季开始就已经吸引了人们的注意力，在2010年，偏黄的驼色依然流行，而其中的中性驼色成为新的亮点。多和米黄、咖啡、巧克力等类似色相搭配。(图8-15)

5）巧克力棕色

巧克力棕色是2010年深暗秋冬季里最重要的支撑力量，与前一季里不那么红的棕色相比，有了更多的中性色调。多与酒红色、驼色、

图8-12 2010秋冬女装秀场关键色——红色

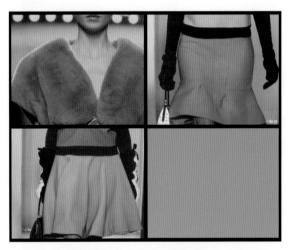

图8-13 2010秋冬女装秀场关键色——孔雀蓝

图8-14 2010年秋冬女装秀场关键色——铁蓝色

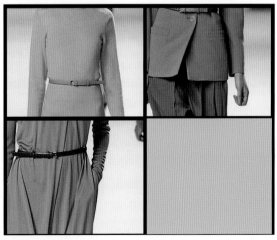

图8-15 2010秋年冬女装秀场关键色——驼色

图8-16 2010年秋冬女装秀场关键色——巧克力色

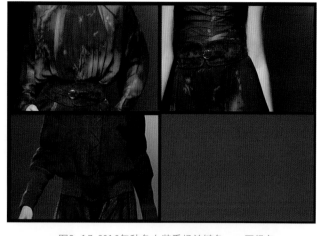

图8-17 2010年秋冬女装秀场关键色——军绿色

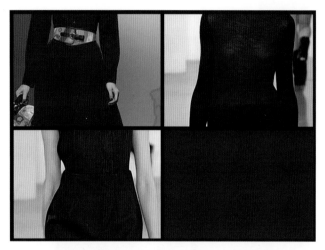

图8-18 2010年秋冬女装秀场关键色——勃艮第酒红色

图8-19 2010年秋冬女装秀场关键色——墨蓝色

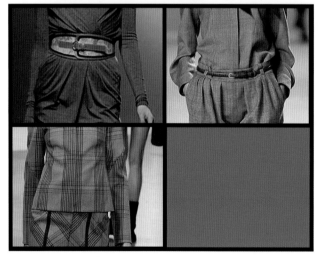

图8-20 2010年秋冬女装秀场关键色——灰色

橙色等类似色调相搭配。(图8-16)

6)军绿色

军绿色在2010年秋冬各大时装周期间也是一个非常关键的基础色调,并或多或少地推动了偏黄的军绿色的流行。多和墨蓝、赭石、米灰等类似或对比色调相搭配。(图8-17)

7)勃艮第酒红色

勃艮第酒红色虽然在2010年秋冬的时装秀场不算是表现最突出的,但与前一季的焦黄色调相比是一个明显的转变。多和深红、橙色这样的中差色系相搭配,有些也会和湖蓝等对比色系搭配。(图8-18)

8)墨蓝色

在经过了很多稍稍露头的季节后,墨蓝色终于在2010年秋冬的时装秀里大放异彩,成为非常关键的基础色调,其中还包括了中性墨蓝色和偏红光的墨蓝色。多和紫红、嫩黄等色调相搭配。(图8-19)

9)灰色

虽然每一季的流行色都离不开无彩色系,但2010年秋冬的灰色却因其各种不同色调(冷色调、暖色调、蓝色调以及木炭灰色调)纷纷出场而保有了重要地位。在本季中

灰色多与赭石、咖啡等暖色调相搭配。（图8-20）

3.　2011年春夏流行色组合趋势

英国著名流行色趋势发布机构MUGPIE对2011年春夏做了三个主题的新趋势：启发（ENLIGHTEN）、节制（SOBRIETY）和传说（FABLE）。每个趋势进一步分为三个方向阐述：时装及裁剪、运动休闲以及季节和临时发布会。每个主题的核心色彩一致，强调色按方向分类：

第一主题：启发（ENLIGHTEN）

1）热望（ASPIRE）

灵感来源于印度和中东的神秘色彩。热望的调色板面貌是帝王紫和棕色以及米色的泥土调，展现朴实的自然环境下王侯的富足，深海蓝和石灰绿展现出一幅迷人的热带画卷。（图8-21）

2）统一（UNITY）

来源于亚洲运动和军事传统。调色板由深板球红和浅蓝以及军绿色相对比，浅灰粉表现出对维多利亚时期印花棉布的怀旧和同一时期的紫红色相平衡，将英国的绅士和印度的华丽有机融合。（图8-22）

3）探索（ESPIAL）

在旅行时代，启发出关于星球的调色板：苦咖啡和古老羊皮纸色的混合，辛辣的橘色和深绿反映出巨大的活力。孔雀蓝展现出嵌以宝石的热带海洋画面使得整个系列更加完整，强调了自然感。（图8-23）

第二主题：节制（SOBRIETY）

1）朝圣（PILGRIM）

灵感来源于简单天真的生活态度，朝圣的调色板特点是从浅褐色到暖灰色的冷静的色彩组合。蓝灰色和爱国红的富有戏剧感的组合，然而手工装饰和自我特征被草莓粉和浅稻色强化。强调色是深橄榄绿，反映了调色板中农耕影响。

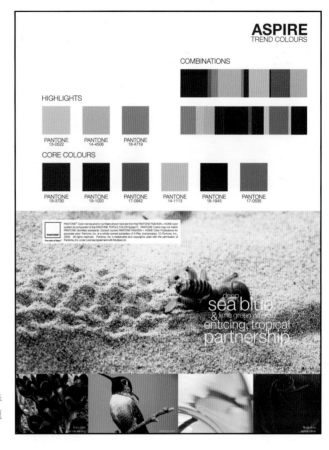

图8-21　2011年春夏纺织品流行色主题之——热望

（图8-24）

2）乐观（OPTIMISM）

从基本色调里产生出的细致的灰色和蓝色描绘出亚米西和夏克生活方式的质朴，将它们和浓厚的葡萄紫以及土粉色搭配。浅褐色为强调色，反映出乐观的主题。（图8-25）

3）奋进（ENDEAVOUR）

灵感来源于西部省的耐穿强硬的美学，调色板包括类似工业烟的雾灰色、可以制作工业工作服的深金属灰。粗斜纹布和磨损的帆布也是一个重要特征。配以砖红色，增加了调色板的中性基调。（图8-26）

第三主题：传说（FABLE）

1）神话（MYTH）

神话的灵感来源于永恒的童话，绿色和艳褐的渐变是从梦幻风景而来的花瓣和树皮的色彩概括，和蜜色并置，与迷人的土耳其蓝以及深灰相对比。迷人柔和的森林色彩调色板用强烈的具有影响力的色调抵消。（图8-27）

2）魅力（CHARM）

基础调色板反映肥沃和生机勃勃的森林，栖息的浪漫和自然之和谐，它的特征是苍翠繁茂的绿叶色和艳褐色。美味可口的梅子和茄子色和深灰色相搭配，而且使得调色板的水果色主题得以完善，反映了森林的安祥宁静。（图8-28）

3）年代（CHRONICLE）

来源于年代灵感的史诗故事和古代传记，深红和品蓝为强调色。是对中世纪服装的复古。调色板的核心感觉是满是灰尘的纸张以及退了色的墨水。中灰加上一些柔软雾状的搭配色，和新鲜的绿色调产生微妙的对比。（图8-29）

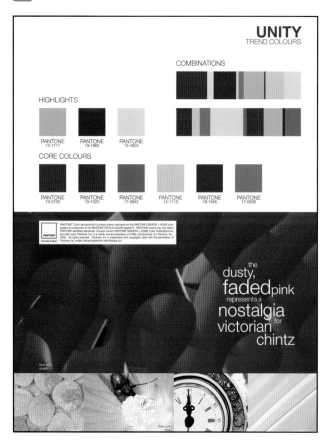

图8-22 2011年春夏纺织品流行色主题之一——统一

图8-23 2011年春夏纺织品流行色主题之一——探索

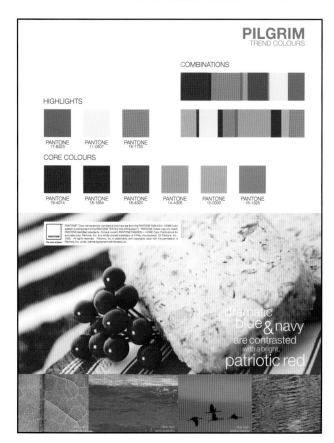

图8-24 2011年春夏纺织品流行色主题之一——朝圣

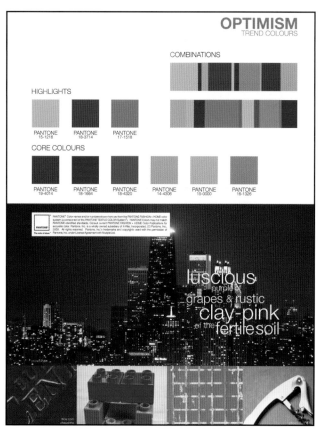

图8-25 2011年春夏纺织品流行色主题之一——乐观

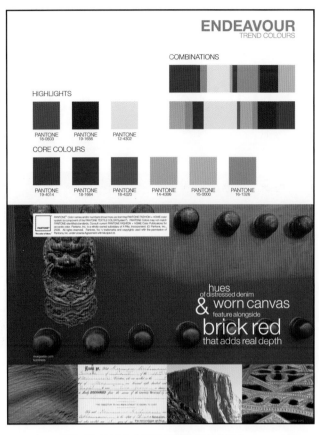

图8-26 2011年春夏纺织品流行色主题之———奋进

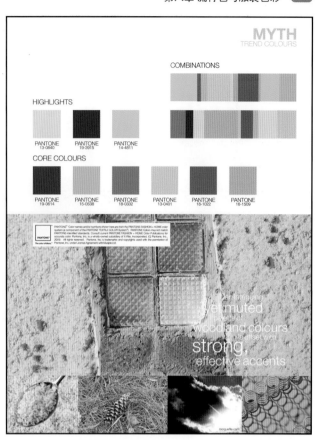

图8-27 2011年春夏纺织品流行色主题之———神话

图8-28 2011年春夏纺织品流行色主题之———魅力

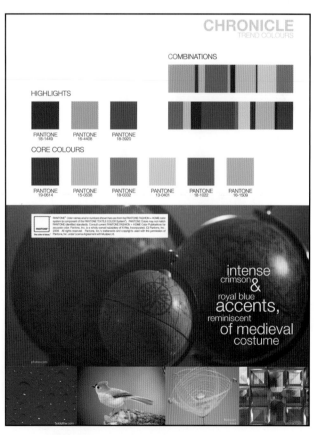

图8-29 2011年春夏纺织品流行色主题之———年代

第九章 服装色彩设计的灵感与创意

服装色彩最能够表现服装主题和情感。因此服装色彩设计是服装设计的重要环节。是集艺术、审美、技巧、信息和创作为一体的综合课题。服装色彩设计是设计人员在各种客观事物的优美色彩中，得到启示，触发灵感，通过主观的想象力和创造力，运用色彩配置的技巧，表现一定的色彩情调。

因此，服装设计师除了需掌握色彩的基础知识、色彩的配色原则等知识之外，更有必要作深入的社会调查研究，及时掌握有关流行色彩、流行面料、流行款式等方面的信息，使自己能够敏锐地去把握服装新动向，通过创造性的思维活动，不断地推出新的构思，以新的色彩形象和新的色彩组合体现服装的整体美。

总之，设计师必须在生活中学会观察，在创作时发挥想象，才能最终获得设计灵感。

一、学会观察

探索色彩的奥秘，首先要在生活中学会观察色彩。色彩观察是色彩分析、研究、判断、想象的前奏。没有观察就不可能有色彩设计思维活动的产生。(图8-1)

在色彩设计前，观察作为色彩信息收集的工具，对直接认识色彩和搜集色彩资料起着重要的作用。在色彩设计中，观察与积极的想象思维活动相结合并贯穿于全过程，是判断、检验色彩搭配的效果是否和谐，是否达到设计的预期目标的

图9-1 生活中的色彩

必要手段。

善于全面观察、深入研究、正确认知事物特征的能力称为观察力。色彩的观察，除需要有明确的观察目的以及具有对色彩的敏感性和鉴别力以外，还必须具有深入分析、研究、综合思维的能力。

在观察过程中，人们常常习惯于观察事物静止状态的表面和局部的特征，而对事物运动状态的千变万化和相反作用却视而不见。因此，缺少对事物整体的、内在的深层次关系以及运动的本质方面的观察和理解。从哲学观点上讲，没有绝对静止的事物，静止状态实际上只是变化运动中的个别的特殊的瞬间状态。如果我们只观察事物的静止状态，实际上就是把自己束缚在一个非常狭小的天地。因此，我们

必须首先变静止的、局部的思维方式为运动的整体的思维方式。

对色彩观察认知的水平还取决于科学的、全面的、系统的观察方法的掌握。例如，为了探索各种自然景物中蕴含着的色彩美的规律，设计师除了整体地观察自然色彩的情调、气氛、意境等效果，保持对色彩的第一印象的新鲜感受，捕捉色彩美的主要特征外，同时还必须进行精细的观察，深入地研究自然色彩建立的色相、明度、纯度方面的秩序规律。探索各种色彩在面积比例、空间位置、对比调和、韵律节奏、多样统一等方面的微妙关系。不仅要注意自然景物在静止状态下的色彩关系，同时更要注意自然景物在运动中的色彩变化。既要宏观地把握整体，又要微观地探索

细部。学会多角度、全方位、发展地观察研究自然景物色彩的全部状态，就能不断积累丰富的色彩视觉信息与经验。

二、发挥想象

1．想象力

在色彩设计中，客观的环境、生活方式、社会状况、大自然等的启示和灵感具有很强的影响力，但是只依靠这些影响力还不能完成色彩构思。构思不是再现而是创造。设计创造思维离不开想象。想象力是设计者的智能结构中最重要的能力。美学家黑格尔曾经说过："如果谈到本领，最杰出的艺术本领就是想象力。"这种想象力当然不是脱离实际的胡思乱想，也不是消极地去迎合市场的要求或者停留在过去成功的经验上往复回荡。创造性的想象力既要以客观存在为依据，又是一种摆脱目前状况的飞跃，是新意境的浮现与展示。（图9-2）

2．创造力

创造力是设计师必须具备的素质，设计本来就是一种新的构思、新的创造。色彩设计当然离不开设计师创造力的发挥。创造力是一种独特的综合能力，即是把改造过的事物纳入新的联系，创造出新的完整形象。完成这种综合，关键是准确地把握内在意蕴与外在形象特征的必然联系。

如日本服装设计师高田贤三就是一位创造力大师，他的作品让人无法不联想到宛若置身大自然的自在状态，取撷于空气、水、天地的生命喜悦，鲜艳浪漫却不花哨。很多题材来源于东西方传统的艺术文化，如日本的浮世绘、印象派画家作品，他不断领悟着各种艺术大家的创意思维，并以其自身超人的创造力与现代服装设计相融合，让高不可攀的艺术走进了现代人的生活中。KENZO 2007年春夏系列成衣是

以法国野兽派艺术家马蒂斯的作品为设计的创意灵感。热情奔放的笔触，及后期的马蒂斯以"色彩——空间"取代了"光线——空间"，呈现出流畅线条、明亮用色等特色。这种以艺术家作品为创意来源的设计思路，也正是高田贤三的创造力的体现。（图9-3）

三、获得灵感启示

服装色彩的灵感启示是在客观事物中发现创造新的服装色彩形象色彩的途径。主要包括源于自然的、社会的及传统艺术和姐妹艺术的色彩灵感。

1．来源于自然的色彩灵感

美丽的自然界蕴涵着丰富的色彩资源，是人们进行服装色彩设计的基础和源泉。大自然中的风景、植物、动物等的色彩千变万化，美不胜收。设计者要善于从中分析色彩规律，汲取艺术营养，进行适当的变化和组合，运用于服装的色彩设计中。在色彩中，色调属性已成为国际流行色的主要内容，并且越来越受到人们的重视。例如，贴近自然、柔和的中间色调；海洋、天空的蓝色调；小草、嫩芽的绿色调……人们在现代社会中感受着社会的发展变化、快速的工作节奏、现代的生活方式，这一切都影响着人们对色彩的感觉和追求，个性化的色彩趋势逐渐形成。银灰、棕黄系列的色彩温暖而富有感官效果，具有一种豪华感；深浅变化的驼色系列具有丰富、和谐的气氛；香蕉黄、树脂绿、腮脂红能表现出快乐、诱惑和对个性自由的渴望；灰蓝色调显得沉稳、宁静、大气，给人无限的舒适感与安全感。（图9-4~图9-6）

图9-2 丰富的想象力创造出全新的晚礼服形式

图9-3 KENZO的2007年春夏系列成衣系列以马蒂斯的作品为设计的创意灵感

图9-4 以薰衣草园为灵感的服装色彩设计

　　灵感来源于法国南部的薰衣草园，在清风的吹拂下如紫色的海浪此起彼伏。设计师受此启发设计出一件紫色的圈圈毛大衣。深浅不一的紫色纤维编织成厚重的织物，纤维中还镶有少量绿色的金属丝，微弱对比色效果改变了纯紫色大衣单调的色彩面貌。

2. 来源于社会的色彩灵感

　　社会的因素影响着人们的色彩观，不同社会环境形成了色彩流行的不同特点。设计者要加强对社会、对生活的观察，丰富自己的感受，积累设计素材。我国是一个幅员辽阔、人口众多的多民族国家，地理位置、风俗习惯、自然环境、气候的不同，造成了各地人民对色彩、服装的不同爱好。深入分析这些复杂的社会现象对于服装的色彩构思与设计具有很大的帮助。

　　流行色的合理运用是服装色彩构思中不可缺少的一方面。不同时期人们喜爱的色彩是不同的，当某些色彩符合当时人们的爱好和心理要求时，这些色彩就具有了感染力，很容易在社会上引起流行，并对不同风格服装的色彩设计起决定性的作用。如由于现代工业的发展，大气污染，人们生活节奏的加快，精神紧张，喧嚣的都市生活，这些促使人们产生回归自然的心理要求和愿望。设计师和色彩研究人员从中获得启示。相继推出了环保色、森林色、沙滩色、原野色等色彩系列，这些大自然色彩组成的朴素情调的服装，引起大众的共鸣，成为盛行一时的服装流行色彩。因此，设计者要分析色彩流行的规律，正确、灵活地运用流行色的知识，进行服装色彩的构思。(图9-7~图9-10)

图9-5 以昆虫色彩为灵感的服装色彩设计

　　灵感来源于自然界的动物——昆虫。这个系列的三套服装以一种黄蓝相间的昆虫作为设计灵感，黄蓝相配，深浅不同的蓝色与黄色拉开色彩层次，作品刺激、抢眼具有舞台效果。

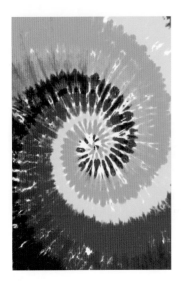

图9-6 以彩虹为灵感的服装色彩设计

　　灵感来源于自然界的现象——彩虹。设计师将彩虹的色彩重新组合，以有规则排列的方式运用在服装配件的设计上，而大身则运用了纯度较高的三原色。白色的加入使服装的色彩更加和谐。

图9-8 以霓虹灯为灵感的服装色彩设计

　　该设计的色彩灵感来源于都市中的霓虹灯，在城市的夜晚，华灯初上，这些红色、黄色或绿色的灯光给黯淡下来的都市带来光明和活力，在灯光的映照下城市中的一切才显得生机勃勃。在这款服装中设计师运用品红和柠檬黄这两种原色作为主要色调，对比强烈；在柠檬黄的背景下点缀红、橙、绿、蓝等圆形小色块，面积相似的多彩色多个地排列，形成次序调和的美感，彼此之间由于色相不同而产生的对比感被削弱。

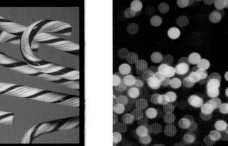
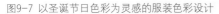

图9-7 以圣诞节日色彩为灵感的服装色彩设计

　　灵感来源于西方传统节日——圣诞节。绿色的圣诞树、穿着红色服装的白胡子圣诞老人、银色的雪花、金色的圣诞彩灯，这一切让红绿白成为圣诞传统色彩。设计师在两款服装中表现出浓浓的圣诞气息。绿色的小晚装搭配金色的腰带，红色的系带高跟鞋似乎充满魔力，通过面积大小差异调和了红绿补色搭配的刺激感。

图9-9 以"地球、沙漠、生命"为主题的服装色彩设计之一

　　灵感来源于环保主题，主要色调为灰、水绿、蓝色、赭石色和桃红色，配色大胆，具有现代感。艳丽的桃红给人激情，在蓝色调的服装上小面积使用，改变了服装原本产生的冰冷感；和赭石色相搭配，虽属类似色系，但赭石色的低纯度与桃红色的高纯度形成纯度对比，有一定的反差，增强了服装的可看性。

图9-10 以"地球、沙漠、生命"为主题的服装色彩设计之二

　　灵感来源于环保主题，主要色调选择蓝绿、金银，绿色象征着生命、和谐；蓝色象征着天空大地；金银色带来未来风格，斑驳的蓝绿小面积对比给人宁静自然的感觉，金银色的点缀将观者带到茫茫宇宙。

图9-12 以街头涂鸦艺术为灵感的服装色彩设计

灵感来源于在现代都市中常见的涂鸦艺术，其特点是色彩丰富、画面视觉冲击感强，常使用对比色对比和补色对比该设计吸收涂鸦艺术的设计特点，以黄绿色和桃红色的背心以及褐色蕾丝混穿，配以黄绿棕迷彩，褐色半透明丝袜上配合蓝绿红色系涂鸦，上下装和配饰色彩对比强烈，但都用绿色在其中调和，减少了不协调感。

图9-11 以传统年画为灵感的服装色彩设计

灵感来源于中国的民间艺术年画，其艺术特色是构图完整、饱满、匀称，造型夸张、粗壮、朴实，线条简练、挺拔、流畅，色彩艳丽、对比强烈，富有装饰性和浓郁的生活气息。设计师并没有将年画的图案色彩全部运用在服装上，而是适当地采用年画的配色特色，将大红和玫红这两种同类色配合在一起，玫红色的花纹有黑色钩边，用无彩色调和同类色的接近感，蓝色菱形的踏脚裤在色彩和形状上与裙子形成对比，既复古又现代。

3. 来源于传统艺术和姐妹艺术的色彩灵感

在艺术的创造活动过程中，虽然各种艺术都有自己的独特之处，但是艺术之间又是相互沟通的。它们相互影响并彼此得到发展。服装色彩，作为一种艺术创造活动，同样适用于此规律。在服装设计时，其色彩的灵感往往受到来自于其他艺术的影响，这样的影响是多方面的，并不受艺术的种类的限制。同时，他们之间又是一个相互关联、相互作用的关系。

无论在中国还是国外，不同的艺术形式都是现代服装色彩的灵感来源。中华民族的优秀文化艺术宝库中有许多色彩装饰艺术精华，是我们今天学习的最好范本，如中国绘画、民间艺术、宫廷装饰、新石器时期的彩陶、织锦纹样、杨柳青民间年画、民俗传统工艺等。同样，外国的绘画艺术和装饰艺术中也有许多值得我们学习和借鉴的东西，如西洋油画、现代印象派色彩、拜占庭艺术、蒙德利安的冷抽象等。如果我们认真地去研究具有血缘关系的传统艺术和姐妹艺术的色彩美的规律，采用移植、置换、模拟、类比、联想、强化、组合、逆向、对应、归纳、综合、演绎、还原等创意手法，完全有可能激发色彩设计的创意。(图9-11~9-22)

图9-13 以敦煌壁画为灵感的服装色彩设计

灵感来源于中华文化的瑰宝——敦煌壁画。敦煌壁画的颜料主要采用植物或矿物燃料，如青金石、铜绿、密陀僧、绛矾、云母粉，故色彩主要是青、绿、棕红、金黄、白、黑等。设计师主要运用了黑、金、棕红、青等色彩，基调沉着，裙子下摆和丝袜为金色配以青和红色花纹，将大身的沉闷感消除殆尽，整个服装将传统和现代有机结合。

图9-14 以80后中国新生代画家杨纳的一幅油画为灵感的服装色彩设计

灵感来源于80后中国新生代画家——杨纳的作品，画面描绘的是一个时尚、娇艳的女孩。卡通化的造型、蓝橘对比的迷幻色彩、超现实主义的风格使画面具有鲜明的个性，是一种充满矛盾的、异质的、内省式的青春表达。设计师也将画面中的橘蓝色运用到服装中，橘色的鱼鳞以小面积的形式表达，蓝色以点和线的形式出现，深浅有别。

图9-15 以爱德华·蒙克油画《呐喊》为灵感的服装色彩设计

　　灵感来源于爱德华的名作《呐喊》。在这幅画上，蒙克所用的色彩与自然保持着一定程度的关联。虽然蓝色的水、棕色的地、绿色的树以及红色的天，都被夸张地富于表现性，但并没有失去其色彩大致的真实性。设计师也保留着这种真实性，主基调是红色和蓝色的冷暖对比，上身为橘红色调，下身为群青色调，原本画面中偏黄的面庞在服装中已接近无彩色调，具有膨胀感的橘色衬托模特丰满的身材。

图9-16 以文森特·凡高油画《星夜》为灵感的服装色彩设计

　　灵感来源于梵高的名作《星夜》，这幅星月之夜是凡高深埋在灵魂深处的世界感受。星云与棱线宛如一条巨龙不停地蠕动着，暗绿褐色的柏树像一股巨形的火焰，所有的一切似乎都在回旋、转动、烦闷、动摇，在夜空中放射绚丽的色彩。设计师基本采用画家原来的色彩分配，淡蓝色的底布上搭配深蓝和黄色，整个裙子从上到下由浅至深的渐变，显得端庄秀丽。

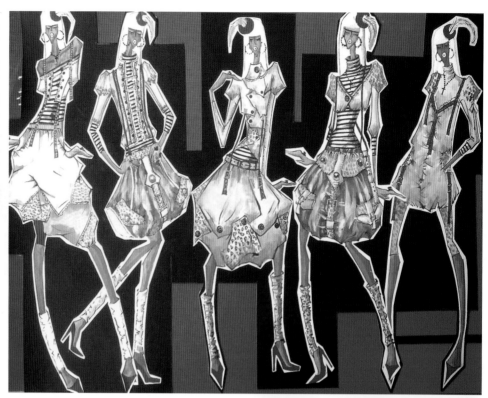

图9-17 以青铜器色彩为灵感的
服装色彩设计

灵感来源于青铜器的色
彩。青铜器刚做出来的时候颜
色是黄金般的土黄色，因为埋
在土里生锈一点一点变成青
绿色。设计师在裙子下摆、袖
口等部位运用青铜器这种斑驳
的青绿色，显示出一些复古
气息。搭配红色的装饰带和纽
扣，冷暖对比，成为整个系列
的亮点。

图9-18 以电影《暮光
之城之暮色》为灵感的
服装色彩设计

灵感来源于热门
影片《暮光之城之暮
色》，影片描写一段吸
血鬼和凡人之间的爱情
故事，电影画面色调纯
度低调，明度对比强
烈，将初恋的美好以及
理智与情感的搏斗和灵
魂与肉体的挣扎刻画得
淋漓尽致。设计师运用
黑红为主体色调，搭配
湖蓝配饰和妆容，用色
凶猛，表现出青春的璀
璨和心中的纠结。

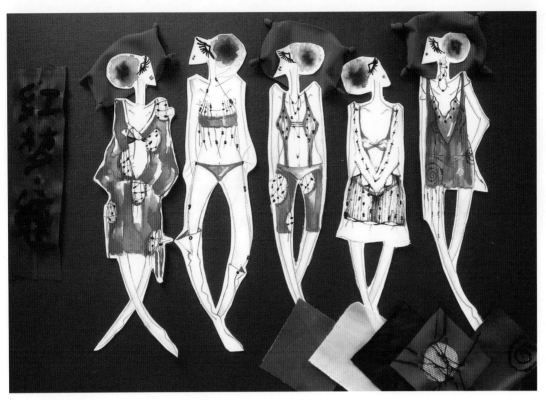

图9-19 以曹雪芹名著《红楼梦》为灵感的服装色彩设计

灵感来源于中国四大名著之一《红楼梦》。设计师用色重点表现一个"红"字，单纯的红黑色调，对比强烈。红是纯正的中国红，在服装上大面积使用，黑色以纤细线条的形式出现，和红色的块面相衬，产生灰度感，虽然配色简单，却使用得有张有弛。

图9-20 以宋代诗人陈与义的《春日》为灵感的服装色彩设计

灵感来源于宋代诗人陈与义的《春日》。这首诗写春天早晨之景，耳盈鸟语，目满青枝，绿红相扶，异馥诱人。设计师在服装中运用红绿补色对比体现诗人诗中描述的红绿相扶的美景：桃红、粉红、黄绿、水绿、墨绿、橄榄绿等色彩的搭配使人感到耳目一新，利用纯度和面积的变化削弱补色对比形成的不安感。

图9-21 以三国时期著名文人曹植的《七步诗》为灵感的服装色彩设计

　　曹植的《七步诗》中的萁和豆的色彩成为设计师的灵感来源。服装中运用到冷暖不一的绿色，有偏暖的黄绿、适中的中绿和偏冷的湖绿，通过色彩面积大小变化体现出生命的生生不息和手足情深的主题。

图9-22 以青花瓷瓶为灵感的服装色彩设计

　　灵感来源于青花瓷。青花瓷又称白地青花瓷，是用含氧化钴的钴矿为原料，在陶瓷坯体上描绘纹饰，再罩上一层透明釉，经高温还原焰一次烧成。钴料烧成后呈蓝色，具有着色力强、发色鲜艳的特点。作品直接运用青花瓷的色彩，蓝白分明，明度对比强烈，配以模特玲珑有致的曲线，宛如青花瓷瓶般赏心悦目。

参考文献

[1] 张丽丽.纺织品图案[M].沈阳：辽宁科学技术出版社，2007.

[2] Françoise Tellier-Loumabne[M]. The art of embroidery. London: Thames & Hudson，2006.

[3] Pattern Design[M]. Barcelona: maomao publications, 2007.

[4] 张玉祥.色彩构成[M].北京：中国轻工业出版社，2001.

[5] 林文昌,欧秀明.服装色彩学[M].台中：艺术图书公司，1997.

[6] 古贺惠子.实用色彩设计手册[M].北京：电子工业出版社，2006.

[7] I.R.I色彩研究所.色彩设计师营销密码[M].北京：人民邮电出版社，2005.

[8] 龚建培.现代服装面料的开发与设计[M].重庆：西南师范大学出版社，2002.

[9] 王心旭.构成设计•色彩[M].南宁：广西美术出版社，2006.

[10] 王书杰.色彩构成试验[M].广州：岭南美术出版社，2005.

[11] 宋健明.色彩设计在法国[M].上海：上海人民美术出版社，1999.

[12] 黄国松.色彩设计学[M].北京：中国纺织出版社，2001年6月

[13] 黄国松.染织图案设计高级教材[M].北京：中国纺织出版社，2005.

[14] 黄元庆.服装色彩学（第四版）[M].北京：中国纺织出版社，2001.

[15] 荆妙蕾.纺织品色彩设计[M].北京：中国纺织出版社，2004.

[16] 费雷尔[墨西哥].色彩的语言[M].南京：译林出版社，2004.

[17] 徐慧明费雷尔.服装色彩创意设计[M].长春：吉林美术出版社，2004.

[18] 庞绮.服装色彩基础[M].北京：北京工艺美术出版社，2002.

[19] 史悠鹏.服装色彩设计[M].杭州：浙江人民美术出版社，2002.

[20] 徐雯.服饰图案[M].北京：中国纺织出版社，2000.

[21] 濮微编.服装色彩与图案[M].北京：中国纺织出版社，1998.

[22] 王庆斌.计算机辅助色彩设计高手速成[M].北京：人民邮电出版社，2003.

[23] 于炜.服装色彩应用[M].上海：上海交通大学出版社，2003.

[24] 韩慧君.服装色彩设计[M].重庆：西南师范大学出版社，2002.

图书在版编目（CIP）数据

服装色彩设计 / 徐蓉蓉，吴湘济编著 . --2 版 . -- 上海：东华
大学出版社，2015.8

ISBN 978-7-5669-0874-2

Ⅰ . ①服 . . . Ⅱ . ①徐 . . . 吴 . . . Ⅲ . ①服装色彩 - 设计 -
高等学校 - 教材 Ⅳ . ① TS941.11

中国版本图书馆 CIP 数据核字（2015）第 179809 号

责任编辑：谭　英
封面设计：陈良燕
版式设计：J. H.

服装色彩设计

徐蓉蓉　吴湘济　编著
东华大学出版社出版
上海市延安西路 1882 号
邮政编码：200051 电话：（021）62193056
新华书店上海发行所发行
上海利丰雅高印刷有限公司印刷
开本：889×1194 1/16 印张：6 字数：211 千字
2015 年 8 月第 2 版 2015 年 8 月第 1 次印刷
ISBN 978-7-5669-0874-2/TS·637
定价：35.00 元